张景中科普文集

ZHANG
JINGZHONG
KEPU WENJI

张景中◎著

从$\sqrt{2}$谈起

长江出版传媒
湖北科学技术出版社

图书在版编目（CIP）数据

从$\sqrt{2}$谈起/ 张景中著. -- 武汉:湖北科学技术出版社，2017.6（2022.1 重印）

ISBN 978-7-5352-9540-8

Ⅰ. ①从… Ⅱ. ①张… Ⅲ. ①无理数一少年读物 Ⅳ. ①0122-49

中国版本图书馆 CIP 数据核字(2017)第 172460 号

责任编辑：王小芳封面设计：喻　杨

出版发行：湖北科学技术出版社　　电话：027-87679468

地　　址：武汉市雄楚大街 268 号　　邮编：430070

（湖北出版文化城 B 座 13-14 层）

网　　址：http：//www.hbstp.com.cn

印　　刷：湖北画中画印刷有限公司　　邮编：441300

700×1000　1/16　7.75 印张　120 千字

2017 年 8 月第 1 版　　2022 年 1 月第 2 次印刷

定价：32.00 元

总 序

ZONGXU

感谢湖北科学技术出版社督促我将这30多年里写的科普作品回顾整理一下。我想人的天性是懒的，就像物体有惰性。要是没什么鞭策，没什么督促，很多事情就做不成。我的第一本科普书《数学传奇》，就是在中国少年儿童出版社的文赞阳先生督促下写成的。那是1979年暑假，他到成都，到我家里找我。他说你还没有出过书，就写一本数学科普书吧。这么说了几次，盛情难却，我就试着写了，自己一读又不满意，就撕掉重新写。那时没有电脑或打字机，是老老实实用笔在稿纸上写的。几个月下来，最后写了6万字。他给我删掉了3万，书就出来了。为什么要删？文先生说，他看不懂的就删，连自己都看不懂，怎么忍心印出来给小朋友看呢？书出来之后，他高兴地告诉我，很受欢迎，并动员我再写一本。

后来，其他的书都是被逼出来的。湖南教育出版社出版的《数学与哲学》，是我大学里高等代数老师丁石孙先生主编的套书中的一本。开策划会时我没出席，他们就留了“数学与哲学”这个题目给我。我不懂哲学，只好找几本书老老实实地学了两个月，加上自己的看法，凑出来交卷。书中对一些古老的话题如“飞矢不动”“白马非马”“先有鸡还是先有蛋”“偶然与必然”，冒昧地提出自己的看法，引起了读者的兴趣。此书后来被3家出版社出版。又被选用改编为数学教育方向的《数学哲学》教材。其中许多材料还被收录于一些中学的校本教材之中。

《数学家的眼光》是被陈效师先生逼出来的。他说，您给文先生写了书，他退休了，我接替他的工作，您也得给我写。我经不住他一再劝说，就答应下来。一答应，就像是欠下一笔债似的，只好想到什么就写点什么。5年积累下来，写成了 6 万字的一本小册子。

这是外因，另外也有内因。自己小时候接触了科普书，感到帮助很大，印象很深。比如苏联伊林的《十万个为什么》《几点钟》《不夜天》《汽车怎样会跑路》；我国顾均正的《科学趣味》和他翻译的《乌拉·波拉故事集》，刘薰宇的《马先生谈算学》和《数学的园地》，王峻岑的《数学列车》。这些书不仅读起来有趣，读后还能够带来悠长的回味和反复的思索。还有法布尔的《蜘蛛的故事》和《化学奇谈》，很有思想，有启发，本来看上去很普通的事情，竟有那么多意想不到的奥妙在里面。看了这些书，就促使自己去学习更多的科学知识，也激发了创作的欲望。那时我就想，如果有人给我出版，我也要写这样好看的书。

法布尔写的书，以十大卷的《昆虫记》为代表，不但是科普书，也可以看成是科学专著。这样的书，小朋友看起来趣味盎然，专家看了也收获颇丰。他的科学研究和科普创作是融为一体的，令人佩服。

写数学科普，想学法布尔太难了。也许根本不可能做到像《昆虫记》那样将科研和科普融为一体。但在写的过程中，总还是禁不住想把自己想出来的东西放到书里，把科研和科普结合起来。

从一开始，写《数学传奇》时，我就努力尝试让读者分享自己体验过的思考的乐趣。书里提到的“五猴分桃”问题，在世界上流传已久。20 世纪 80 年代，诺贝尔奖获得者李政道访问中国科学技术大学，和少年班的学生们座谈时提到这个问题，少年大学生们一时都没有做出来。李政道介绍了著名数学家怀德海的一个巧妙解答，用到了高阶差分方程特解的概念。基于函数相似变换的思想，我设计了“先借后还”的情景，给出一个小学生能够懂的简单解法。这个小小的成功给了我很大的启发：写科普不仅仅是搬运和解读知识，也要深深地思考。

在《数学家的眼光》书中，提到了祖冲之的密率 355/113 有什么好处的问题。数学大师华罗庚在《数论导引》一书中用丢番图理论证明了，所有分母不超过 366 的分数中，355/113 最接近圆周率 π。另一位数学家夏道行，在他的《e 和 π》一书中用连分数理论推出，分母不超过 8000 的分数中，355/113 最接近圆周率 π。在学习了这些方法的基础上我做了进一步探索，只用初中数学中的不等式知识，不多几行的推导就能证明，分母不超过 16586 的分数中，355/113 是最接近 π 的冠军。而 52163/16604 比 355/113 在小数后第七位上略精确一点，但分母却大了上百倍！

我的老师北京大学的程庆民教授在一篇书评中，特别称赞了五猴分桃的新解法。著名数学家王元院士，则在书评中对我在密率问题的处理表示欣赏。学术前辈的鼓励，是对自己的鞭策，也是自己能够长期坚持科普创作的动力之一。

在科普创作时做过的数学题中，我认为最有趣的是生锈圆规作图问题。这个问题是美国著名几何学家佩多教授在国外刊物上提出来的，我们给圆满地解决了。先在国内作为科普文章发表，后来写成英文刊登在国外的学术期刊《几何学报》上。这是数学科普与科研相融合的不多的例子之一。佩多教授就此事发表过一篇短文，盛赞中国几何学者的工作，说这是他最愉快的数学经验之一。

1974 年我在新疆当过中学数学教师。一些教学心得成为后来科普写作的素材。文集中多处涉及面积方法解题，如《从数学教育到教育数学》《新概念几何》《几何的新方法和新体系》等，源于教学经验的启发。面积方法古今中外早已有了。我所做的，主要是提出两个基本工具（共边定理和共角定理），并发现了面积方法是具有普遍意义的几何解题方法。1992 年应周咸青邀请访美合作时，从共边定理的一则应用中提炼出消点算法，发展出几何定理机器证明的新思路。接着和周咸青、高小山合作，系统地建立了几何定理可读证明自动生成的理论和算法。杨路进一步把这个方法推广到非欧几何，并发现了一批非欧几何新定理。国际著名计算机科学家保伊尔（Robert S. Boyer）将此誉为计算机处理几何问题发展道路上的里程碑。这一工作获 1995 年中国科学院自然科学一等奖和 1997 年国家自然科学二等奖。从教学到科普又到科学研究，20 年的发展变化实在出乎自己的意料！

在《数学家的眼光》中，用一个例子说明，用有误差的计算可能获得准确的结果。基于这一想法，最近几年开辟了“零误差计算”的新的研究方向，初步有了不错的结果。例如，用这个思想建立的因式分解新算法，对于两个变元的情形，比现有方法效率有上千倍的提高。这个方向的研究还在发展之中。

1979—1985年，我在中国科学技术大学先后为少年班和数学系学生讲微积分。在教学中对极限概念和实数理论做了较深入的思考，提出了一种比较容易理解的极限定义方法——“非ε语言极限定义”，还发现了类似于数学归纳法的“连续归纳法”。这些想法，连同面积方法的部分例子，构成了1989年出版的《从数学教育到教育数学》的主要内容。这本书是在四川教育出版社余秉本女士督促下写出来的。书中第一次提出了“教育数学”的概念，认为教育数学的任务是“为了数学教育的需要，对数学的成果进行再创造。”这一理念渐渐被更多的学者和老师们认同，导致2004年教育数学学会（全名是“中国高等教育学会教育数学专业委员会”）的诞生。此后每年举行一次教育数学年会，交流为教育而改进数学的心得。这本书先后由三家出版社出版，从此面积方法在国内被编入多种奥数培训读物。师范院校的教材《初等几何研究》（左铨如、季素月编著，上海科技教育出版社1991年出版）中详细介绍了系统面积方法的基本原理。已故的著名数学家和数学教育家，西南师大陈重穆教授在主持编写的《高效初中数学实验教材》中，把面积方法的两个基本工具“共边定理”和“共角定理”作为重要定理，教学实验效果很好。1993年，四川都江教育学院刘宗贵老师根据此书中的想法编写的教材《非ε语言一元微积分学》在贵州教育出版社出版在教学实践中效果明显，后来他还发表了论文。此后，重庆师范学院陈文立先生和广州师范学院萧治经先生所编写的微积分教材，也都采用了此书中提出的“非ε语言极限定义”。

10多年之后，受林群先生研究工作的启发带动，我重启了关于微积分教学改革的思考。文集中有关不用极限的微积分的内容，是2005年以来的心得。这方面的见解，得到著名数学教育家张奠宙先生的首肯，使我坚定了投入教学实践的信心。我曾经在高中尝试过用5个课时讲不用极限的微积分初步。又在南方科技大学试讲，用16个课时不用极限讲一元微积分，严谨论证了所有的基本定理。初步实验的效果尚可，系统的教学实践尚待开展。

也是在2005年后，自己对教育数学的具体努力方向有了新的认识。长期以来，几何教学是国际上数学教育关注的焦点之一，我也因此致力于研究更为简便有力的几何解题方法。后来看到大家都在删减传统的初等几何内容，促使我作战略调整的思考，把关注的重点从几何转向三角。2006 年发表了有关重建三角的两篇文章，得到张奠宙先生热情的鼓励支持。这方面的想法，就是《一线串通的初等数学》一书的主要内容。书里面提出，初中一年级就可以学习正弦，然后以三角带动几何，串联代数，用知识的纵横联系驱动学生的思考，促进其学习兴趣与数学素质的提高。初一学三角的方案可行吗？宁波教育学院崔雪芳教授先吃螃蟹，做了一节课的反复试验。她得出的结论是可行！但是，学习内容和国家教材不一致，统考能过关吗？做这样的教学实验有一定风险，需要极大的勇气，也要有行政方面的保护支持。2012 年，在广州市科协开展的“千师万苗工程”支持下，经广州海珠区教育局立项，海珠实验中学组织了两个初中班全程地实验。两个实验班有 105 名学生，入学分班平均成绩为 62 分和 64 分，测试中有三分之二的学生不会作三角形的钝角边上的高，可见数学基础属于一般水平。实验班由一位青年教师张东方负责备课讲课。她把《一线串通的初等数学》的内容分成 5 章 92 课时，整合到人教版初中数学教材之中。整合的结果节省了 60 个课时，5 个学期内不仅讲完了按课程标准 6 个学期应学的内容，还用书中的新方法从一年级下学期讲正弦和正弦定理，以后陆续讲了正弦和角公式，余弦定理这些按常规属于高中课程的内容。教师教得顺利轻松，学生学得积极愉快。其间经历了区里的 3 次期末统考，张东方老师汇报的情况如下：

从成绩看效果

期间经过三次全区期末统考。实验班学生做题如果用了教材以外的知识，必须对所用的公式给出推导过程。在全区 80 个班级中，实验班的成绩突出，比区平均分高很多。满分为 150 分，实验一班有 4 位同学获满分，其中最差的个人成绩 120 多分。

	实验 1 班平均分	实验 2 班平均分	区平均分	全区所有班级排名
七年级下期末	140	138	91	第一名和第八名
八年级上期末	136	133	87.76	第一名和第五名
八年级下期末	145	141	96.83	第一名和第三名

这样的实验效果是出乎我意料的。目前，广州市教育研究院正在总结研究经验，并组织更多的学校准备进行更大规模的教学实验。

科普作品，以“普”为贵。科普作品中的内容若能进入基础教育阶段的教材，被社会认可为青少年普遍要学的知识，就普得不能再普了。当然，一旦成为教材，科普书也就失去了自己作为科普的意义，只是作为历史记录而存在。这是作者的希望，也是多年努力的目标。

文集编辑工作即将完成之际，湖北科学技术出版社刘虹老师建议我写个总序。我从记忆中检索出一些与文集中某些内容有关的往事杂感，勉强塞责。书中不当之处，欢迎读者指正。

湖北科学技术出版社何龙社长和谢俊波主任热心鼓励我出版文集；还有华中师范大学国家数字化学习工程中心彭翕成老师（《绕来绕去的向量法》作者之一，该书中绝大多数例题和题解由他提供）为文集的出版付出了辛勤劳动，在此谨表示衷心的感谢。

2017年4月

目录

MULU

第一章

从 $\sqrt{2}$ 谈起

$\sqrt{2}$是人类最早发现的无理数之一。早在公元前 500 年左右，人们就会证明$\sqrt{2}$是无理数了。

边长为 1 的正方形，它的对角线的长是多少？如果你已经学过勾股定理，马上就能算出它的长度是$\sqrt{1^2+1^2}=\sqrt{2}$（图 1-1）。

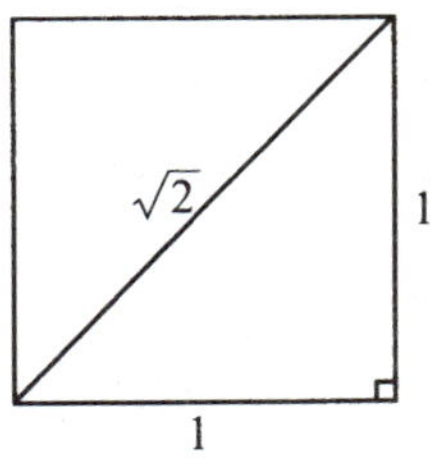

图 1-1

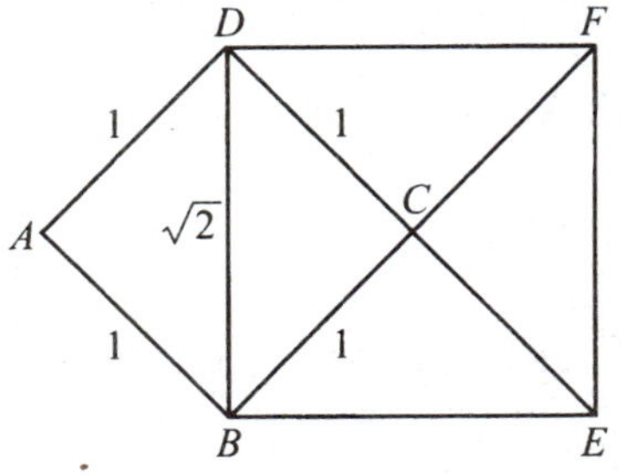

图 1-2

不用勾股定理，也能算出这个对角线的长。如图 1-2 所示，正方形 $ABCD$ 边长为 1，面积为 1；而正方形 $BEFD$ 的面积是 $ABCD$ 面积的两倍，也就是说

$BD^2=2$，于是 $BD=\sqrt{2}$。

显然，若正方形边长为 a，则对角线长为$\sqrt{2}a$，即对角线长是边长的$\sqrt{2}$倍。

我们知道，记号$\sqrt{2}$代表这样一个正数：x 的平方等于 2。换句话说，$\sqrt{2}$是二次方程式 $x^2-2=0$ 的正根，通常把它叫做 2 的算术平方根。

很明显，$\sqrt{2}$不是整数。因为 1 的平方比 2 小，2 的平方又比 2 大，所以$\sqrt{2}$应当在 1 和 2 之间。

在 1 和 2 之间，分数多得很，要多少有多少，而且是密密麻麻地挤在一起。那么，其中有没有这样一个分数，它自乘之后恰巧等于 2 呢？看来似乎应当有。真的有吗？那你找几个试试看，你一定找不到——不是太大，就是太小。尽管能找到平方很接近 2 的分数，但要想恰巧等于 2，是不可能的。

也许你会说，1 和 2 之间既然有无穷多个分数，那就不可能一个一个地试。既然不能一个一个地试，又怎能断定没有一个分数，它的平方等于 2 呢？

这个问题，早在 2000 多年前就解决了。请看：

[命题 1]　$\sqrt{2}$不是有理数。

证法一　用反证法证明。先假设$\sqrt{2}$是有理数，如果从这一假设出发推出矛盾，便说明这个假设错了，即$\sqrt{2}$不是有理数。

若$\sqrt{2}$是有理数。由于有理数只包含正负整数、正负分数和 0，而$\sqrt{2}>0$，故必然有两个正整数 n，m，使

$$\sqrt{2}=\frac{n}{m},$$

且 n 和 m 互质，即没有大于 1 的公约数。

根据$\sqrt{2}$的定义，有

$$\frac{n^2}{m^2}=(\sqrt{2})^2=2, \tag{1}$$

也就是

$$n^2=2m^2。 \tag{2}$$

这个式子右端是偶数，故左端的 n^2 也是偶数，因而 n 是偶数。于是可设 $n=2k$，代入（2）式得 $4k^2=2m^2$，即 $2k^2=m^2$。这推出 m 是偶数，说明 n 和 m 有大于 1 的公约数，与假设矛盾。

这个证明还可以说得更简单些：不必假定 n 和 m 没有大于 1 的公约数，直接观察（2）式，它的右端所含 2 的因数有奇数个，而左端含 2 的因数又为偶数个，这就有了矛盾。

证法二 仍用反证法证明。设 $\sqrt{2}=\frac{n}{m}$，n 和 m 都是正整数，且 n 和 m 没有大于 1 的公约数。由（2）式

$$n^2=2m^2,$$

而在十进制下，整数的平方的个位数字只能是 0，1，4，5，6，9 中之一，2 倍之后只能是 0，2，8 中之一。所以，（2）式左端的个位数字是 0，1，4，5，6，9 中之一，而右端个位数字是 0，2，8 中之一。也就是说，两端的个位都是 0，这说明 n 和 m 有公因数 5，于是推出了矛盾。

在数学中，反证法很有用，尤其是要证明一个数是无理数时，更少不了反证法。上面介绍的第一个证法，曾出现在 2000 多年前希腊几何学家欧几里得（公元前 300 年左右）所写的《几何原本》一书中。这说明早在 2000 多年前，人们就知道$\sqrt{2}$不是有理数，而且会用反证法来进行逻辑推理了。

《几何原本》这部名著，是欧几里得总结、整理了当时他所收集到的资料写成的，并非他一人的研究成果。就拿“$\sqrt{2}$不是有理数”来说，这个事实是比欧几里得更早一些的毕达哥拉斯（公元前 500 年左右）学派的人发现的。

毕达哥拉斯学派有一个基本观点，叫做“万物皆数”。在他们心目中，数就只有正整数，而且正整数也就是组成物质的基本粒子——原子。因此他们认为，一切量都可以用整数或整数的比来表示。他们觉得，一条线段就好比一串珍珠，这珍珠就是一个一个的点，不过又小又多罢了。按这种看法，两条线段长度之比，就应当是它们各自包含的小“珍珠”的个数之比，当然应当是可以用整数之比来表示的了。

据说，毕达哥拉斯学派一个名叫希帕苏斯的年轻人，第一个发现了正方形的边和对角线长度之比不能用整数之比来表示。用现在的话说就是“$\sqrt{2}$不是有理数”。这个发现直接和毕达哥拉斯学派的错误信条“万物皆数”相抵触，使这个学派的许多人大为惶恐和恼怒。据说，希帕苏斯在海船上向学派的其他成员讲述这个发现时，遭到激烈反对。由于他坚持自己发现的真理，竟被抛入海中淹死了。

但是，真理是不会被永远淹没的。随着数学的向前发展，无理数终于在人们心目中取得了合法地位，被广泛应用于科学研究、技术推广和人们的社会生活中。

顺便提一下，用“$\sqrt{\quad}$”来表示平方根，是解析几何的创始人笛卡儿（1596—1650）于16世纪首先采用的。那时，$\sqrt{2}$已被发现了近2000年，不少数学家已开始承认像$\sqrt{2}$这类不能用分数表示的数了。

至于把整数和分数叫做“有理数”，据考证，倒是由于一开始翻译时的讹误。原来，“有理数”中的“有理”一词，英文是Rational。这个词本来有两个含义：其一是“比”，其二是“合理”。照数学上的原意，分数可以表示成两整数之比，把“有理数”叫做“比数”是很确切的。可是，日本学者在19世纪翻译西方的数学书时，把这个词译成了“有理数”。日本语言中本来就有很多汉字。后来，在中日文化交流中，中国又从日本引进了“有理数”和“无理数”这两个词，一直用到现在，没法改，也不必改了。

练习题一

1. 若a，b是两个有理数，且$a<b$，试证明一定有一个有理数x，满足$a<x<b$。

2. 若a是有理数，b是无理数，问ab什么时候是有理数，什么时候是无理数？

3. 求证：$\sqrt{3}$，$\sqrt{5}$，$\sqrt{7}$，$\sqrt[3]{2}$都不是有理数。

4. 若 a，b 是两个有理数，且 $a<b$，试证明一定有一个无理数 y，满足 $a<y<b$。

5. $\sqrt{2}+\sqrt{3}$是不是有理数？为什么？

6. 若 a，b 都是无理数，$a+b$ 是否一定是无理数？

7. 若 $a+b$，$a-b$ 都是有理数，a 和 b 是否一定是有理数？

8. 已知线段 AB 之长为 1，试利用直尺和圆规，画出长度为$\sqrt{3}$，$\sqrt{5}$，$\sqrt{7}$，$\sqrt{11}$的线段。

第二章

庞大的无理数家族

无理数也是无穷无尽的，它们比起有理数来要多得多。

除了$\sqrt{2}$，还有哪些无理数呢?

从$\sqrt{2}$出发，就可以造出无穷多个无理数，如：$1+\sqrt{2}$，$2+\sqrt{2}$，$3+\sqrt{2}$，…它们都是无理数；

$2\sqrt{2}$，$3\sqrt{2}$，$4\sqrt{2}$，…也都是无理数：

$\frac{1}{2}+\sqrt{2}$，$3-2\sqrt{2}$，$\frac{3}{5}-\frac{7}{4}\sqrt{2}$，…仍是无理数。

也许你会说，你怎么知道它们都是无理数呢？一个一个地证多麻烦呀！其实，我们根本不用一个一个地证。不信，请看命题 2：

［**命题 2**］　如果 r 和 s 是有理数，$r\neq 0$，且 a 是无理数，那么 $ra+s$ 必是无理数。

证明　用反证法。若 $ra+s$ 是有理数，令 $ra+s=q$，则 $q-s$ 是有理数，$\frac{1}{r}(q-s)$也是有理数。由 $ra+s=q$ 解出

$$a=\frac{1}{r}(q-s),$$

于是推出 a 是有理数，和已知矛盾。所以，$ra+s$ 应是无理数。

你看，由命题 2 我们可以知道，当 $a=\sqrt{2}$ 时，上面提到的 $1+\sqrt{2}$，$2+\sqrt{2}$，$2\sqrt{2}$，$3\sqrt{2}$，$\frac{3}{5}-\frac{7}{4}\sqrt{2}$，…都是无理数。也就是说，只要有一个无理数 a，就可以造出无穷多个无理数来。

无理数是不是都要带个 $\sqrt{2}$ 呢？当然不是。就在人们发现 $\sqrt{2}$ 不是有理数之后不久，希腊数学家塞阿多斯（公元前 470 年左右），就证明了 $\sqrt{3}$，$\sqrt{5}$，$\sqrt{7}$，…，$\sqrt{17}$ 都是无理数。于是，像 $3-2\sqrt{5}$，$\frac{5}{4}+\frac{2}{7}\sqrt{7}$ 等这类的数，也都是无理数。

下面我问你，无理数开平方如 $\sqrt{3+\sqrt{2}}$ 是不是无理数呢？我们的结论是：是的。请看：

[命题 3] 若 a 是无理数，k 是正整数，则 $\sqrt[k]{a}$ 是无理数。

证明 用反证法。若 $\sqrt[k]{a}=q$ 是有理数，则可推出 $a=q^k$ 是有理数，与已知矛盾。所以，$\sqrt[k]{a}$ 是无理数。

用类似于证明命题 2 和命题 3 的方法，很容易证明：若 a 是无理数，则 $\frac{1}{a}$ 也是无理数。进一步可以证明，若 a 是无理数，m，n，p，q 是有理数，则当 $mq-np\neq0$ 时，比值 $\frac{ma+n}{pa+q}$ 也是无理数。（证明留给读者做练习）

不过，两个无理数相加，可就不一定是无理数了。例如 $3+\sqrt{2}$ 和 $3-\sqrt{2}$，这两个无理数之和为 6，是有理数。类似地，两个无理数的差、积、商，可能是无理数，也可能是有理数。但是，像 $\sqrt{2}+\sqrt{3}$ 这类数是无理数。请看：

[命题 4] 若 a，b 是正的有理数，$\sqrt{a}$，$\sqrt{b}$ 是无理数，则 $\sqrt{a}+\sqrt{b}$ 也是无理数。如果 $a\neq b$，则 $\sqrt{a}-\sqrt{b}$ 也是无理数。

证明 用反证法。设 $\sqrt{a}\pm\sqrt{b}=r$ 是有理数，且 $r\neq0$，则 $\pm\sqrt{b}=r-\sqrt{a}$，两端

平方得

$$b=r^2+a-2r\sqrt{a},$$

解出

$$\sqrt{a}=\frac{r^2+a-b}{2r}。$$

于是推出$\sqrt{a}$是有理数，这和已知矛盾，从而命题结论成立。

现在我们已经知道了，从整数出发，反复进行有限次的＋、－、×、÷、开平方这 5 种运算，可以得到许多无理数。这样得到的无理数，可以说是最简单的无理数了。我们从长度为 1 的线段出发，使用圆规和直尺，可以画出长度等于这类无理数的线段来。这是因为：

（1）有了长为 a，b 的两条线段，容易作出长为 $a+b$，$a-b$ 的线段来。（你会作吗?）

（2）有了长为 a，b 的两条线段，又有了长为 1 的线段，可以作出长为 ab 的线段来。（提示：如图 2-1，$PQ\perp MN$，$\angle 1=\angle 2$，$PO=a$，$QO=b$，$MO=1$，则 $NO=ab$。）

（3）在图 2-1 中，如果取 $PO=1$，$QO=b$，$MO=a$，那么易知 $NO=\frac{b}{a}$。也就是说，有了长为 a，b 的两条线段，又有了长为 1 的线段，可以作出长为$\frac{b}{a}$的线段来。

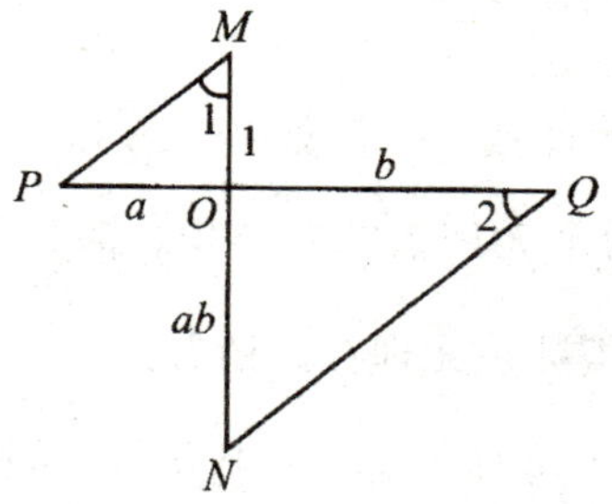

图 2-1

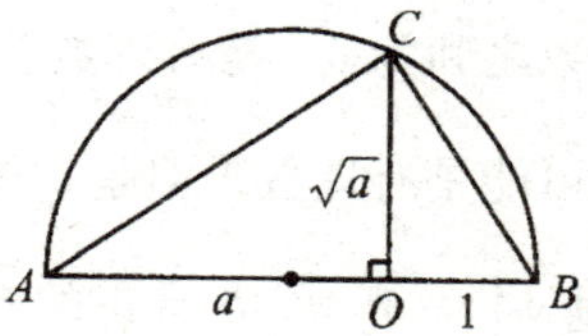

图 2-2

(4) 有了长为 a 的线段和长为 1 的线段，可以作出长为$\sqrt{a}$的线段。其方法是：如图 2-2，先作出长为 $a+1$ 的线段 AB，在 AB 上取 O，使 $AO=a$，$BO=1$。以 AB 为直径作半圆，再过 O 作 AB 的垂线与半圆交于 C。因半圆的圆周角 $\angle ACB$ 是直角，故知$\triangle AOC\backsim\triangle COB$，从而推出 $CO=\sqrt{a}$。

对这类无理数——从有理数出发，经过多次开平方、四则运算而得到的无理数——我们不妨叫做尺规可作的无理数。

有没有尺规不可作的无理数呢？有。事实上，尺规可作的无理数，不过是庞大的无理数家族中小小的一支而已。

在人们比较熟悉的尺规不可作的无理数当中，最古老的大概要算$\sqrt[3]{2}$了。说起来，它和有名的古代三大几何难题中的二倍立方体问题，紧紧联系在一起①。

所谓二倍立方体问题，早在公元前 300 年左右就提出来了。传说在希腊一个名叫第罗斯的岛上，有一年突发瘟疫，许多人被夺去了生命。人们惊恐万分，只好去找巫神想办法。巫神说，只有把祭坛的体积加倍，才能使瘟疫不再流行。他们的祭坛是正方体形状。所谓祭坛体积加倍，就是要做一个新的正方体形状的祭坛，使它的体积是原来正方体祭坛的 2 倍。也就是说，新祭坛的棱长，应当是原祭坛棱长的$\sqrt[3]{2}$倍。

于是，问题就归结为：有了长为 1 的线段，能不能用直尺、圆规画出长为$\sqrt[3]{2}$的线段？

人们经过 2000 多年的研究，证明了这是不可能的。也就是说，$\sqrt[3]{2}$不但是无理数，而且是尺规不可作的无理数。

一般说来，整数的高次方根，如果不是整数，就一定是无理数（证明并不难，此命题可作为第 10 页命题 5 的推论）。

于是，我们又得出一大批无理数，如$\sqrt[3]{2}$，$\sqrt[5]{7}$，$2-\frac{3}{4}\sqrt[6]{5}$等。这些带有高次方

---

① 另两个是三等分任意角问题和化圆为方的问题。这 3 个问题到 19 世纪才被彻底解决——数学家证明了：用直尺、圆规是不能完成这 3 个作图题的。

根号的无理数，中间有不少是尺规不可作的无理数。

从有理数出发，经过有限次的四则运算和开方运算所得的无理数，我们把它叫做可用根式表示的无理数。这是更大一些的无理数家族，它包含了尺规可作的无理数小家族。

有没有不能用根式表示的无理数呢？有。

我们学过二次方程式的求根公式。若 x 是一元二次方程式 $ax^2+bx+c=0$ 的实根，则当 $a\neq0$，$b^2-4ac\geqslant0$ 时有

$$x=\frac{-b\pm\sqrt{b^2-4ac}}{2a}。$$

你看，当 a，b，c 是整数时，x 或者是有理数（当 $\sqrt{b^2-4ac}$ 是整数时），或者是可用根式表示的无理数（而且是尺规可作的）。

类似地，三次和四次方程式也有用根式表示的求根公式。如果系数是整数，它们的实根或者是有理数，或者是可用根式表示的无理数。

五次和五次以上的代数方程式，就没有一般的求根公式了。系数为整数的 n（$n\geqslant5$）次代数方程式的无理实根，只有一部分可用根式表示。如$\sqrt[5]{7}$，它是五次方程式 $x^5-7=0$ 的根。也许你会问，哪些代数方程式的根是无理数呢？请看命题 5：

［命题 5］ 若 $a_0=1$，a_1，a_2，…，a_n 都是整数，则 n 次代数方程式

$$a_0x^n+a_1x^{n-1}+a_2x^{n-2}+\cdots+a_{n-1}x+a_n=0$$

的实根，不是整数，就是无理数。①

证明 假设方程式有一个有理根 x，我们来证明 x 一定是整数。

如果 $x=0$，就不用证了。若 $x\neq0$，可把 x 写成$\frac{b}{a}$，这里 $a\geqslant1$，a 和 b 是整

---

① 判断代数方程式的根是不是无理数的命题有很多。例如，若 a_0，a_1 及 $a_0+a_1+\cdots+a_n$ 均为奇数，则方程式无非整数的有理根。又如，若 $a_0=1$，$a_n=p_1p_2\cdots p_k$，p_1，…，p_k 为不同的质数，则方程式也无非整数的有理根。还有著名的爱森斯坦法则：若质数 p 不能整除 a_n，p 能整除其他 a_i，p^2 不能整除 a_0，则无非整数的有理根。

数，且 a 与 b 没有大于 1 的公约数。把 $x=\frac{b}{a}$ 代入原方程得

$$\left(\frac{b}{a}\right)^n+a_1\left(\frac{b}{a}\right)^{n-1}+\cdots+a_{n-1}\left(\frac{b}{a}\right)+a_n=0$$

两边同乘以 a^{n-1}，再移项得

$$a_1b^{n-1}+a_2ab^{n-2}+a_3a^2b^{n-3}+\cdots+a_{n-1}a^{n-2}b+a_na^{n-1}=-\frac{b^n}{a}。$$

这个等式左端是整数，右端的 $\frac{b^n}{a}$ 显然也是整数。这说明 a 能够整除 b^n，所以 a 的每个质因数都能整除 b。又因为前面已设 a 和 b 没有大于 1 的公约数，故只有 $a=1$。这证明了 $x=b$，即原方程式的有理根都是整数，因而原方程的非整数实根都是无理数。

运用命题 5，我们可以证明前面提到的 $\sqrt[3]{2}$，$\sqrt[5]{7}$，$2-\frac{3}{4}\sqrt[6]{5}$ 这类数都是无理数。你看：当 a_1，a_2，…，a_{n-1} 均为 0，$a_n=-m$，且 m 为正整数时，方程式 $x^n-m=0$ 至少有一个实根 $\sqrt[n]{m}$；而由命题 5，$\sqrt[n]{m}$ 如果不是整数，就一定是无理数。所以说，应用命题 5，对有些代数方程式，不用求出它的根，就可以断定它的根是无理数。

［例］　方程式 $x^5+x+1=0$ 的实根是无理数吗？

解　当 x 为 0 或正整数时，$x^5+x+1>0$。当 x 为负整数时，$x^5+x+1<0$。因此，方程式没有整数根。由命题 5，可知它的实根是无理数。

所有整系数代数方程式的根，都叫做“代数数”。对代数数进行四则运算、开各次方，得到的仍是代数数。以代数数为系数的代数方程式，它的根仍是代数数。

有理数是一次整系数方程式的根，所以有理数也叫做一次代数数。

从二次整系数方程式的根中，去掉那些一次代数数，剩下来的叫做二次代数数。

用类似的办法，你可以定义三次、四次的代数数。一般地说，从 n 次整系数方程式的根中，去掉那些低于 n 次的代数数，剩下的叫做 n 次代数数。

各次实代数数，除了一次的之外，都是无理数。这些无理数，都是密密麻麻无穷多的。还有，在任意两个不同的有理数之间，都有各次的实代数数。

你看，尺规可作的无理数都是代数数①，可用根式表示的无理数也都是代数数，它们不过是全体实代数数中的一小部分；二次以及二次以上的实代数数，组成更大的无理数家族！

那么，无理数到这里是不是到顶了呢？换句话说，除了高于一次的实代数数，还有别的无理数吗？

有！无理数家族庞大得很，代数数在其中只占极小极小的一部分。全体实数中，除掉代数数（包括有理数），剩下的都叫做“超越数”。超越数当然是无理数，它们是无理数家族中最大的一族。

说也奇怪，超越数这么多，人们对它的认识却非常晚。第一个超越数是1851年法国数学家勒威耶发现的——比$\sqrt{2}$的发现晚了2300多年。圆周率π也是一个超越数。人们很早就在用π的近似值作计算了，但直到1882年，德国数学家林德曼才证明了π是一个超越数②。

证明一个数是超越数，往往是很难的，需要高深的数学知识。既然如此，又怎么知道超越数比代数数多得多呢？原来，要证明实数中有大量的超越数存在并不很难。下面我们简单地介绍一下超越数存在的证法。这个证法是德国数学家康托尔于1874年发表的。

我们知道，虽然全体自然数是无穷多的，但我们可以把它们一个接一个地排成一队：

$$1，2，3，4，5，6，7，8，\cdots$$

每个自然数迟早都会在这个队伍中出现。如果一个无穷集合A，它的全体元素能按某种规律排成这样的一队：

$$a_1，a_2，a_3，\cdots，a_n，\cdots$$

---

① 它们包括全体二次代数数和部分2^k次代数数。

② 1761年兰伯特证明了π是无理数。

我们就说 A 是可数的。换句话来说就是：A 的元素和自然数一样多。道理很简单：因为我们可以把它们和全体自然数配成对，1 对 a_1，2 对 a_2，…，n 对 a_n。这样的看法是有道理的。如果电影院里的每个观众有一个座位，每个座位有一个观众，当然观众就和座位一样多了。这种比较多少的方法叫做“一一对应”的方法。

例如，全体整数可以这样排成一队：

0，1，−1，2，−2，3，−3，4，−4，…，n，$-n$，…

所以，全体整数并不比自然数多。和自然数相比，它们是一样多的。

无穷的东西，可以和自己的一部分一样多。这是无穷和有穷不同的地方。

在数直线上，整数稀稀拉拉，有理数密密麻麻，似乎有理数要比整数多。其实不然，有理数也可以排成一队！道理是这样的：因为有理数都可以写成最简分数的形式（把整数也看成分母为 1 的分数）；把一个分数的分子、分母的绝对值加起来，叫做它的“标号”；标号都是正整数，而且标号相同的分数只有有限个；这就可以把全体有理数，按标号由小到大排成一行：

$\frac{0}{1}$，$\frac{1}{1}$，$-\frac{1}{1}$，$\frac{2}{1}$，$-\frac{2}{1}$，$\frac{1}{2}$，$-\frac{1}{2}$，$\frac{3}{1}$，$-\frac{3}{1}$，$\frac{1}{3}$，$-\frac{1}{3}$，$\frac{4}{1}$，$-\frac{4}{1}$，$\frac{3}{2}$，$-\frac{3}{2}$，…

这样一排，便可看出有理数表面上声势浩大，其实不过和自然数一样多。

有理数不过是一次代数数，代数数里还有二次、三次以至 n 次的代数数。看来，全体代数数该比自然数多了吧？

不见得。全体代数数也可以排成一行！

排的方法并不难。代数数都是整系数代数方程式的根，n 次代数方程式至多有 n 个根，所以，只要把所有的代数方程式排成一队，它们的根也就可以跟着排成一队了。我们把整系数 n 次方程式

$$a_0x^n+a_1x^{n-1}+\cdots+a_{n-1}x+a_n=0$$

的次数 n 和系数的绝对值 $|a_0|$，$|a_1|$，…，$|a_n|$ 全部加起来，和数

$$n+|a_0|+|a_1|+\cdots+|a_n|$$

叫做这个方程式的“标号”；标号都是正整数，标号相同的方程式只有有限个；这就可以把方程式按标号由小到大排成一队，方程式的根也就可以排成一队了。这样排成的队里，包含了全体代数数，但可能有重复出现的数。这不要紧，重复的留下最前面的一个，其余的划掉就是了。

这说明，代数数不过和自然数一样多！

可是，你怎么知道代数数只是实数的一小部分呢？

我们有下列两个论断：

1. 全体实数集是不可数的（也就是说全体实数比全体代数数多）。

证明 用反证法。如果全体实数能排成一行，我们把所有 0 到 1 之间的实数都排出来：

$$a_1,\ a_2,\ a_3,\ \cdots,\ a_n,\ \cdots$$

其中每个 a_n 都可以写成十进制无穷小数

$$a_n=0.a_n^1a_n^2\cdots a_a^k\cdots\ (a_n^k=0,\ 1,\ 2,\ 3,\ \cdots,\ 9)$$

的形式。

现在造一个这样的实数：

$$b=0.b_1b_2b_3\cdots$$

让 b_1 和 a_1^1 不同，b_2 和 a_2^2 不同，b_3 和 a_3^3 不同……于是可以使 b 和 a_1，a_2，a_3，…，a_n，…中的每个都不同。也就是说，在 a_1，a_2，…，a_n，…中没有把 0 到 1 之间的实数排完，故假设“全体实数能排成一行”不成立，从而原命题成立。

2. 如果集 A 不可数，那么，从 A 中去掉一个可数的子集 B 之后，剩下的元素之集也是不可数的。

证明 用反证法。设剩下一个可数集 C，由 C 中元素可数，则 C 中元素可排成一队：

$$c_1,\ c_2,\ c_3,\ \cdots,\ c_n,\ \cdots$$

又因为 B 中元素也可数，设它们是

$$b_1,\ b_2,\ \cdots,\ b_n,\ \cdots$$

于是，我们可以把 A 中元素这样排出来：

$$b_1,\ c_1,\ b_2,\ c_2,\ b_3,\ c_3,\ \cdots,\ b_n,\ c_n,\ \cdots$$

从而可得 A 也是可数的。这与已知矛盾，因而数集 C 是不可数的。证毕。

根据这两个论断，可知全体超越数之集是不可数的。因为全体代数数可数，而实数不可数（论断 1），从实数中去掉全体代数数，剩下的当然是不可数的了（论断 2）。也就是说，超越数是不可数的！

不可数的当然比可数的要多得多，所以，超越数比代数数多得多。

练习题二

1. 求证下列各数都是无理数：

$$4+2\sqrt{\frac{2}{3}},\ (1-\sqrt{3})^3,\ \sqrt{\sqrt{2}+\sqrt{3}},\ \frac{1+\sqrt{2}}{2+\sqrt{3}}。$$

2. 求证：若 a 是无理数，则 $\frac{1}{a}$ 也是无理数。

3. 若 a 是无理数，α，β，γ，δ 都是有理数，$\alpha\delta-\beta\gamma\neq0$。求证：$\frac{\alpha a+\beta}{\gamma a+\delta}$ 是无理数。

4. 已知 a，b 是无理数，$a+b$ 是有理数。求证：一定可以找到一个无理数 q 和有理数 p，使

$$a=p+q,\ b=p-q。$$

5. 求证：$(\sqrt{2}+\sqrt[3]{3})$ 是无理数。

6. 求证：$(\sqrt{2}-\sqrt{3}+\sqrt{5})$ 是无理数。

7. 有了长度为 $\sqrt{2}$ 的一条线段，能够用圆规、直尺画出长度为 $\sqrt{\sqrt{3}+\sqrt{5}}$ 的线段吗？

8. 求证：$\sqrt[3]{2}$ 不是任何整系数二次方程式的根。

9. $(\sqrt[3]{2}+\sqrt{3})$ 是一个整系数 6 次方程式的根，你能把这个方程式写出来吗？

10. 方程式 $x^3-x^2-x+2=0$ 有没有无理数的根？

11. 已知整系数三次方程式 $x^3+mx^2+nx+p=0$ 有一个根是 $x_1=3-\sqrt{2}$。求证：它一定还有一个整数根。

12. 试证全体实数和全体无理数之间可以建立一一对应。

13. 根据代数数是可数无穷多，试在全体实数和全体超越数之间建立一个一一对应。

第三章

用有理数逼近无理数

利用不等式可以求出$\sqrt{2}$的很好的近似值，还可以求出许多别的无理数的很好的近似值。

现在问，$\sqrt{2}$究竟是多少呢?

$\sqrt{2}$就是$\sqrt{2}$，是2的算术平方根。这样才是最“准确”的回答。因为$\sqrt{2}$不是有理数，不管你写到小数点后多少位，也没法把它准确地表示出来。

可是，最“准确”的回答，有时倒是没有用处的。比如，你到商店去，告诉售货员要买$\sqrt{2}$米布，她也许就不知道该给你剪多少。这时，需要的倒是那个$\sqrt{2}$的近似值1.414。你告诉她，你要买1.41米布就可以了。

说$\sqrt{2}$的近似值是1.414，这个1.414是怎么得来的呢？它和$\sqrt{2}$近似到什么程度？$\sqrt{2}$到底比1.414大，还是比它小呢?

也许你是从平方根表上查到的，也许你是在袖珍电子计算器上算出来的，但不管怎样，总得有一个可靠的计算方法，才能造出平方根表，才能编出计算器里的程序。

能不能用画图的方法把$\sqrt{2}$量出来呢？可以，但不会很精确。你要用 1 米长的直尺，在平整的大桌子上画个正方形，去量它的对角线，才能得到 1.414 这个近似值。如果作图不细心，还会有更大的误差。想要量出 5 位有效数字，就要有差不多 10 米宽的桌子才行。

怎么办呢？

我们知道，艺术家要把一块大理石雕成栩栩如生的人像，不是一下子能完成的。他要先砍去一些显然是多余的石头，再在这个基础上按计划刻成大体的人像，然后一次次修整、打磨，最后才能完成一件精美绝伦的艺术品。

求一个无理数的近似值——例如求$\sqrt{2}$的近似值，也是这样办的。先找一个粗略的近似值，比如 1，1 就是$\sqrt{2}$的粗略近似值。当然，你可能会不满意，因为误差$|\sqrt{2}-1|$太大了。那么我们就把 1 修正一下，比方说加上$\frac{1}{2}$，这样就得到了$\sqrt{2}$的更好的近似值；再不满意，就再修正一次；这样一次比一次修改得更接近$\sqrt{2}$，直到满意为止。这种方法，叫做逐次逼近法。

在实际工作和理论研究中，绝大多数的数值计算问题，都是用逐次逼近法解决的。电子计算机是具体实现逐次逼近法的有力工具。

下面，我们就用逐次逼近法，向$\sqrt{2}$挺进吧！

首先，$\sqrt{2}$总是比 1 大，比 2 小，即$1<\sqrt{2}<2$。这就把$\sqrt{2}$的整数部分定下来了，即

$$\sqrt{2}=1.\cdots$$

为了确定$\sqrt{2}$的小数点后第一位数字，你可以把$(1.1)^2$，$(1.2)^2$，$(1.3)^2$，$(1.4)^2$，…相继算出来，算到$(1.4)^2=1.96<2$，$(1.5)^2=2.25>2$时，你就不必再去算$(1.6)^2$，$(1.7)^2$了。很明显$1.4<\sqrt{2}<1.5$. 也就是$\sqrt{2}=1.4\cdots$为了再向下求一位，你又得计算$(1.41)^2$，$(1.42)^2$等等这些数了。

这样每算几个数，我们便可以多知道$\sqrt{2}$的一位有效数字。虽然进度不快，计算工作量却越来越大。

利用不等式的运算规律，可以大大加快计算速度。

比如，我们很容易知道$\sqrt{2}$比 1 大，比$\frac{3}{2}$小，因为

$$\left(\frac{3}{2}\right)^2=\frac{9}{4}>2。$$

即

$$1<\sqrt{2}<\frac{3}{2}。\tag{1}$$

不等式两端是可以同时加上或减去同一个数的。从（1）式的两端各减 1，得

$$0<\sqrt{2}-1<\frac{1}{2}。\tag{2}$$

（2）式自乘得

$$0<(\sqrt{2}-1)^2<\frac{1}{4}。$$

化简，得

$$0<3-2\sqrt{2}<\frac{1}{4}。\tag{3}$$

把（3）式的两端再平方，得

$$0<17-12\sqrt{2}<\frac{1}{16}。\tag{4}$$

再平方，得

$$0<577-408\sqrt{2}<\frac{1}{256}。\tag{5}$$

（5）式除以 408 便得

$$0<\frac{577}{408}-\sqrt{2}<\frac{1}{104448}。\tag{6}$$

不等式（6）式告诉我们，有理数$\frac{577}{408}$比$\sqrt{2}$略大一点，误差不超过 10^{-5}，即不超过十万分之一。它是$\sqrt{2}$的相当好的近似值，用十进制小数表示就是

$$\frac{577}{408}\approx 1.41421568\cdots\tag{7}$$

由（6）、（7）可知

$$1.414215<\sqrt{2}<1.414216。 \tag{8}$$

其实，$\sqrt{2}$与$\frac{577}{408}$之差比10^{-5}还要小。因为从（8）式知道$\sqrt{2}>1.4$，所以（3）式可以改进为

$$0<3-2\sqrt{2}<\frac{1}{5}。 \tag{9}$$

把（9）式平方后再平方，得

$$0<577-408\sqrt{2}<\frac{1}{625}。 \tag{10}$$

这比（5）式要精确得多了。于是可把（6）式改进为

$$0<\frac{577}{408}-\sqrt{2}<\frac{1}{255000}。 \tag{11}$$

这说明$\frac{577}{408}$比$\sqrt{2}$大不到二十五万分之一，即误差小于0.000004。

如果把（11）式的两端再平方一次，就可以求出$\sqrt{2}$的12位有效数字；再平方一次，就达到20位以上的有效数字了。

用这种方法来计算，得到的有效数字不是一位一位地增加，而是成倍地增加。

比如，在平方根表上常常只能查到$\sqrt{3}$的4位有效数字1.732，也就是说

$$|\sqrt{3}-1.732|<0.0005。 \tag{12}$$

如果我们需要知道$\sqrt{3}$的更准确的近似值，该怎么办呢？只要把（12）式平方一下，得到

$$0<3-2\times1.732\sqrt{3}+(1.732)^2<0.00000025，$$

即

$$0<\frac{3+(1.732)^2}{2\times1.732}-\sqrt{3}<0.0000000073。 \tag{13}$$

把（13）式中分数的值求出来，便得到$\sqrt{3}$的8位以上的有效数字。

把以上的方法总结一下，便得到了计算平方根的一个好方法：

[命题 6] 如果 x_1 是$\sqrt{a}$的一个近似值，且已知误差 $|x_1-\sqrt{a}|\leqslant d$，则取

$$x_2=\frac{1}{2}\left(x_1+\frac{a}{x_1}\right) \tag{14}$$

当 $d<2x_1$ 时，x_2 是$\sqrt{a}$的一个更好的近似值。x_2 和$\sqrt{a}$的误差满足下列不等式：

$$0\leqslant x_2-\sqrt{a}\leqslant\frac{d^2}{2x_1}。 \tag{15}$$

证明 把不等式 $|x_1-\sqrt{a}|\leqslant d$ 的两端平方，得

$$0\leqslant x_1^2-2x_1\sqrt{a}+a\leqslant d^2。$$

两端除以 $2x_1$，得

$$0\leqslant\frac{1}{2}\left(x_1+\frac{a}{x_1}\right)-\sqrt{a}\leqslant\frac{d^2}{2x_1}。$$

当 $d<2x_1$ 时，$\frac{d^2}{2x_1}<d$，可见 x_2 比 x_1 的误差更小。证毕。

你会想到，如果把不等式 $|x_1-\sqrt{a}|\leqslant d$ 两端立方，或自乘 4 次，5 次，可以得到$\sqrt{a}$的更好的近似值。这样当然是可以的，不过，平方运算是最简单的；多次平方，也就可以一次比一次更精确。

这种计算平方根的方法里，包含了计算无理数的一般思想，即用有理数逐步逼近无理数的逐次逼近法。逐次逼近法广泛应用于科技工作中遇到的计算问题。

如果要计算立方根，以及更高次的方根，该怎么办呢？我们试试，看用这种方法能不能计算$\sqrt[3]{2}$。

$\sqrt[3]{2}$当然比 1 大，比 2 小，不妨设

$$1<\sqrt[3]{2}=1+d，(0<d<1) \tag{16}$$

也就是

$$0<\sqrt[3]{2}-1=d<1。 \tag{17}$$

两端平方，得

$$0<\sqrt[3]{4}-2\sqrt[3]{2}+1=d^2。 \tag{18}$$

这里出现了新情况，多了一项$\sqrt[3]{4}$！老办法好像行不通了。

如果能把$\sqrt[3]{4}$消掉就好了。为了达到这个目的，用$\sqrt[3]{2}$乘（18）式的两端，得到

$$2-2\sqrt[3]{4}+\sqrt[3]{2}=\sqrt[3]{2}d^2。\tag{19}$$

用2乘（18）式和（19）式相加，得

$$4-3\sqrt[3]{2}=(\sqrt[3]{2}+2)d^2,$$

两边同除以3，得

$$\frac{4}{3}-\sqrt[3]{2}=\frac{2+\sqrt[3]{2}}{3}d^2。$$

利用（17）式，把$\sqrt[3]{2}=1+d$代入此式右边，得

$$\frac{4}{3}-\sqrt[3]{2}=\left(\frac{3+d}{3}\right)d^2。\tag{20}$$

从（20）式可知，$\frac{4}{3}>\sqrt[3]{2}>1$，所以

$$d=\sqrt[3]{2}-1<\frac{4}{3}-1=\frac{1}{3}。$$

把$d<\frac{1}{3}$代到（20）式，得

$$0<\frac{4}{3}-\sqrt[3]{2}<\left(1+\frac{1}{9}\right)\frac{1}{9}<\frac{1}{8}。\tag{21}$$

可见$\frac{4}{3}$比1更接近$\sqrt[3]{2}$，其误差不超过$\frac{1}{8}$。如果想得到更好的近似值，可以从（21）式出发，令

$$0<\frac{4}{3}-\sqrt[3]{2}=d_1<\frac{1}{8}。\tag{22}$$

两端再平方，得

$$\frac{16}{9}-\frac{8}{3}\sqrt[3]{2}+\sqrt[3]{4}=d_1^2。\tag{23}$$

用$\sqrt[3]{2}$乘（23）式的两端，得

$$\frac{16}{9}\sqrt[3]{2}-\frac{8}{3}\sqrt[3]{4}+2=d_1^2\sqrt[3]{2}。\tag{24}$$

用$\frac{8}{3}$乘（23）式和（24）式相加，得

$$\left(\frac{128}{27}+2\right)-\frac{16}{3}\sqrt[3]{2}=\left(\frac{8}{3}+\sqrt[3]{2}\right)d_1^2。$$

利用（22）式把$\sqrt[3]{2}=\frac{4}{3}-d_1$代入上式右端，整理后得到

$$\frac{91}{72}-\sqrt[3]{2}=\frac{3}{4}\left(1-\frac{d_1}{4}\right)d_1^2<\frac{3d_1^2}{4}。\tag{25}$$

可见$\frac{91}{72}$是$\sqrt[3]{2}$的更好的近似值，误差不超过$\frac{1}{80}$。如果把（25）再平方，按上述方法继续运算，会得到$\sqrt[3]{2}$的更好的近似值，误差就会降到千分之二以下。

如果把（21）式两端各减去$\frac{1}{16}$，得

$$-\frac{1}{16}<\frac{61}{48}-\sqrt[3]{2}<\frac{1}{16},\tag{26}$$

也就是

$$\left|\frac{61}{48}-\sqrt[3]{2}\right|=d_2<\frac{1}{16}。\tag{27}$$

把上式两端平方后，照类似方法处理，可以把误差降到比$\frac{1}{256}$还小。再来一次，便得到$\sqrt[3]{2}$的5位有效数字了。可见，用这种方法开立方，初始的近似值取得越好，改进得越快。

现在，把求立方根的逐步逼近法，也总结成一个简单的公式：

[命题 7] 如果x_1是$\sqrt[3]{a}$的一个近似值，x_1，a都是正数，且已知误差

$$|x_1-\sqrt[3]{a}|\leqslant d,$$

则取

$$x_2=\frac{1}{3}\left(2x_1+\frac{a}{x_1^2}\right),\tag{28}$$

当$d\left(x_1+\frac{d}{3}\right)<x_1^2$时，$x_2$是$\sqrt[3]{a}$的一个更好的近似值。$x_2$和$\sqrt[3]{a}$的误差满足下列不

等式

$$0\leqslant x_2-\sqrt[3]{a}\leqslant\left(\frac{1}{x_1}+\frac{d}{3x_1^2}\right)d^2。$$

证明 把 $|x_1-\sqrt[3]{a}|\leqslant d$ 两端平方，得

$$0\leqslant x_1^2-2x_1\sqrt[3]{a}+\sqrt[3]{a^2}\leqslant d^2。\tag{29}$$

用$\sqrt[3]{a}$乘（29）式，得

$$0\leqslant x_1^2\sqrt[3]{a}-2x_1\sqrt[3]{a^2}+a\leqslant d^2\sqrt[3]{a}。\tag{30}$$

用 $2x_1$ 乘（29）式，再和（30）式相加，得

$$0\leqslant 2x_1^3+a-3x_1^2\sqrt[3]{a}\leqslant(2x_1+\sqrt[3]{a})d^2。\tag{31}$$

由 $|x_1-\sqrt[3]{a}|\leqslant d$ 可知$\sqrt[3]{a}\leqslant x_1+d$，把此不等式代入（31）式的右端，两端同除以 $3x_1^2$，得

$$0\leqslant\frac{1}{3}\left(2x_1+\frac{a}{x_1^2}\right)-\sqrt[3]{a}<\left(\frac{1}{x_1}+\frac{d}{3x_1^2}\right)d^2。\tag{32}$$

显然，当

$$d\left(x_1+\frac{d}{3}\right)<x_1^2$$

时，（32）式的右端小于 d。

那么，当 d 为何值时，不等式

$$d\left(x_1+\frac{d}{3}\right)<x_1^2$$

能成立呢?

不难看出，只要 $0\leqslant d<\frac{3x_1}{4}$，不等式的左端就不超过$\frac{15}{16}x_1^2$，从而使它成立。可见，$x_2$ 比 x_1 的误差更小。证毕。

求立方根近似值的问题解决了，那么，求 4 次方根、5 次方根的近似值怎么办？求立方根也就是求方程式 $x^3-a=0$ 的根。这个方程式解决了，别的高次方程式怎么办?

下面简单介绍一下求高次方程式根的近似值的一种方法。这个方法只用到初

中代数里的多项式除法。

举一个例子。考虑三次方程式

$$x^3-x-8=0, \tag{33}$$

当 $x=2$ 时，$x^3-x-8=2^3-2-8=-2<0$；当 $x=3$ 时，则有 $x^3-x-8=3^3-3-8>0$。因此，在 2 和 3 之间原方程式有一个根 x^*。设

$$x^*=2+d,\ (0<d<1) \tag{34}$$

则 $x_1=2$ 是方程式的近似根，误差 $d<1$。

用 $(x-2)^2=x^2-4x+4$ 除多项式 x^3-x-8：

$$\begin{array}{r|l} & x+4 \cdots\cdots(\text{商式}) \\ x^2-4x+4 & x^3+0-x-8 \\ & \underline{x^3-4x^2+4x} \\ & 4x^2-5x-8 \\ & \underline{4x^2-16x+16} \\ & 11x-24 \cdots\cdots(\text{余式}) \end{array}$$

也就是说

$$x^3-x-8=(x-2)^2(x+4)+(11x-24)。 \tag{35}$$

把 $x=x^*$ 代入（35）。因为 x^* 是根，故左端为 0，即

$$0=(x^*-2)^2(x^*+4)+(11x^*-24),$$

整理得

$$24-11x^*=(x^*-2)^2(x^*+4)。$$

把（34）式代入上式右端，得

$$24-11x^*=(6+d)d^2。$$

两端除以 11，由 $d>0$，得

$$0<\frac{24}{11}-x^*=\frac{(6+d)}{11}d^2 \tag{36}$$

这个式子告诉我们，

$$\frac{24}{11}-x^*=\frac{24}{11}-2-d=\frac{2}{11}-d>0,$$

也就是 $d<\frac{2}{11}$。把 $d<\frac{2}{11}$ 代入（36）式右端，得

$$0<\frac{24}{11}-x^{*}<\frac{1}{11}\times\left(6+\frac{2}{11}\right)\times\frac{4}{121}<\frac{1}{50}。$$

这说明 x^* 在$\frac{24}{11}-\frac{1}{50}$和$\frac{24}{11}$之间，比原来的估计精确多了。

取

$$x_2=\frac{1}{2}\left(\frac{24}{11}-\frac{1}{50}+\frac{24}{11}\right)=\frac{24}{11}-\frac{1}{100}=\frac{2389}{1100},$$

则 x_2 与 x^* 差的绝对值不超过$\frac{1}{100}$。下一步，还可以再用（x_1-x_2）^{2} 来除多项式 x^3-x-8，重复进行。

把这个方法总结成一般的公式，便是：

［命题 8］ 设 n 次方程式 $x^n+a_1x^{n-1}+\cdots+a_{n-1}x+a_n=0$ 有一个未知的实根 x^*，已知 x^* 的一个近似值为 x_1，其误差为 $x^*-x_1=d$。用二次多项式（$x-x_1$）^{2} 来除 $x^n+a_1x^{n-1}+\cdots+a_n$，得商式 $Q(x)=x^{n-2}+b_1x^{n-3}+\cdots+b_{n-2}$ 和余式 $Ax+B$。则当 $|Q(x_1+d)d|<|A|$ 时，取

$$x_2=-\frac{B}{A}, \tag{37}$$

x_2 是比 x_1 更接近于 x^* 的近似根。误差满足不等式

$$|x^*-x_2|<\frac{|Q(x_1+d)|}{|A|}d^2。 \tag{38}$$

证明 根据假设写出除法算式

$$x^n+a_1x^{n-1}+\cdots+a_{n-1}x+a_n=Q(x)(x-x_1)^2+Ax+B。 \tag{39}$$

两端用 $x=x^*$ 代入，因为 x^* 是左端多项式的根，所以可得

$$0=Q(x^*)(x^*-x_1)^2+Ax^*+B,$$

移项，并利用 $x^*=x_1+d$ 代入上式，即得

$$x^*-\left(-\frac{B}{A}\right)=-\frac{1}{A}Q(x_1+d)d^2,$$

当 $|Q(x_1+d)d|<|A|$ 时，右边的绝对值比 $|d|$ 更小。证毕。

这个方法，实质上是我国宋代数学家秦九韶提出的“秦九韶法”，在西方也叫做牛顿法。不过，通常书上介绍牛顿法要用一些微分学的知识，我们只用到了

多项式除法。

细心的读者也许会问，如果余式中 $A=0$ 怎么办？什么条件下才能保证 $|Q(x_1+d)d|<|A|$？这些更深入的问题属于高等数学的范围，这里就不再讨论下去了。

求高次方程式的根，是科技研究中常见的重要问题。现在，人们已研究出很多又快、又准确的计算方法，供电子计算机使用。

练习题三

1. 要使我国国民经济总产值在 20 年内翻两番，平均每年总产值要比前一年增长百分之几？

2. 把 19 页（2）式自乘 5 次，求得 $\sqrt{2}$ 的近似值是多少？

3. 取不等式 $|x_1-\sqrt{a}|\leqslant d$ 两端的立方，能不能得到一个比命题 6 中的公式（14）更好的公式？

4. 能不能从命题 8 取特例推出命题 6 和命题 7？

5. 利用命题 8，建立一个计算 5 次根的公式。

6. 试证明，反复应用命题 6，可以从任一个 $x_1>0$ 出发，求出 $\sqrt{a}$ 的任意多位有效数字。

7. 试证明，反复应用命题 7，可以从任一个 $x_1>0$ 出发，求出 $\sqrt[3]{a}$ 的任意多位有效数字。

8. 求证：方程式 $x^n+a_1x^{n-1}+\cdots+a_{n-1}x+a_n=0$ 的任一实根的绝对值都小于 $1+|a_1|+|a_2|+\cdots+|a_n|$。

第四章

最好的分数

无理数可以用无限不循环小数表示，也可以用无穷连分数表示。利用连分数，可以求得无理数的最佳近似分数。

提起我国古代的数学成就，大家都会说到南北朝时期的祖冲之（429—500年）。祖冲之有一个了不起的贡献，就是对圆周率 π 的计算。他算出

$$3.1415926<\pi<3.1415927,$$

并且建议用一个分数 $\frac{355}{113}\approx3.14159292\cdots$ 来近似地表示 π，并把它叫做密率。同时，他把 π 的另一个近似值 $\frac{22}{7}\approx3.14$ 叫做约率。

为什么说这个 $\frac{355}{113}$ 了不起呢？我们可以先看看和祖冲之同时代的或更晚的外国数学家是怎样用分数表示 π 的。

公元 530 年左右，印度的阿利亚巴塔给出 $\pi\approx\frac{62832}{20000}=3.1416$。这和公元前 150 年托勒密给出的 $\pi\approx\frac{377}{120}=3.14167\cdots$ 相近。

公元1150年左右，印度的巴斯卡拉给出$\pi\approx\frac{3927}{1250}=3.1416$。

直到1585年（比祖冲之晚了1000多年），安索尼措恩发现$\frac{333}{106}<\pi<\frac{377}{120}$。他把两个分数的分子相加、分母也相加，各取其半，得到了$\pi\approx\frac{355}{113}$。其实，早在1573年，德国的奥托已把$\frac{355}{113}$从中国介绍到西方。

可见，要用一个分母不太大的分数来近似地表示一个无理数，不是那么容易。

更有趣的是，在分母不超过113的所有分数中，再也找不到π的比$\frac{355}{113}$更好的近似值了。在这个意义上，$\frac{355}{113}$是π的最佳近似分数（参看《数学家的眼光》一书）。

不但如此，在所有分母不超过16600的分数中，你会发现，根本找不到比$\frac{355}{113}$更接近π的分数了[①]。

越仔细分析，越觉得祖冲之的成就了不起。可惜，他当初的研究方法，现在已无法查考！

我们怎样才能找到一个无理数的最佳近似分数呢？也就是说，给了一个数a，要在所有分母不超过n的分数中，找一个$\frac{q}{p}$，使$\left|a-\frac{q}{p}\right|$最小。

你可以一个一个地试，但是太慢，我们要介绍一个巧妙些的方法。

先从尺子量布谈起。用长为1的尺子去量长为l的布，一下一下地量，量了3下就把布量完了，不多不少，我们便说$l=3$。如果还剩个零头呢？通常的办法是，把尺子等分成10小段，用其中的一小段再量这个零头。量了5下，又剩下

① 比$\frac{355}{113}$更接近π的分数中，分母最小的是$\frac{52163}{16604}=3.141592387\cdots$

了比一小段还小的零头，那就把一小段再分成 10 份，用其中的一份来量这更小的零头；如此反复进行。

这样量得的 $l=3.5\cdots$是十进制表示法。如果把尺子 10 份 10 份地越分越细，分了几次之后把 l 量尽了，记下来 $l=3.5321$，则 l 是以 10^4 为分母的分数，$l=\frac{35321}{10000}$。

如果无论把尺子细分多少次，也不能把 l 量尽，则 l 就是一个十进制的无限小数。这个无限小数可能循环，也可能不循环。

我们知道，有理数都可写成无限循环小数。反过来，无限循环小数也都可以化成有理数。

可见，无理数一定是无限不循环小数了。这是把尺子按一分为十的逐次加细法测量长度 l 的结果。

还有另一种量法。用长为 1 的尺量 l，量得 l 是在 3 与 4 之间，也就是

$$l=3+r_1。\quad (0<r_1<1) \tag{1}$$

这时不去细分尺子，而干脆把零头 r_1 当成新的尺子来量原来那个长为 1 的尺子，比如量得

$$1=4r_1+r_2。\quad (0\leqslant r_2<r_1) \tag{2}$$

如果 $r_2=0$，则新尺子 r_1 恰巧是原来尺子的$\frac{1}{4}$。把（2）式中取 $r_2=0$ 得到的 $r_1=\frac{1}{4}$代入（1）式，得到

$$l=3+\frac{1}{4}=\frac{13}{4},$$

到此测量过程便结束了。

如果 $r_2>0$ 呢？我们可以把 r_2 当成第 3 把尺子，然后用它来量第 2 把尺子 r_1。比如量得

$$r_1=2r_2+r_3。\quad (0\leqslant r_3<r_2) \tag{3}$$

如果 $r_3=0$，过程到此结束。这时 $r_2=\frac{1}{2}r_1$，代入（2）式得出 $r_1=\frac{2}{9}$，再代入

(1) 式，得到

$$l=3+\frac{2}{9}=\frac{29}{9}。$$

如果又有 $r_3\neq 0$，那就把 r_3 作为第 4 把尺子来量 r_2，重复进行下去。

这样反复度量，如果到某一次量尽了，就得到 l 的一个分数表示法。

会不会永远量不尽呢？会的。l 是无理数时，就永远不会结束这个过程。因为，结束了的就一定是有理数。

再回到$\sqrt{2}$。让我们把正方形的边作为尺子，来量它的对角线，看看会出现什么情形。

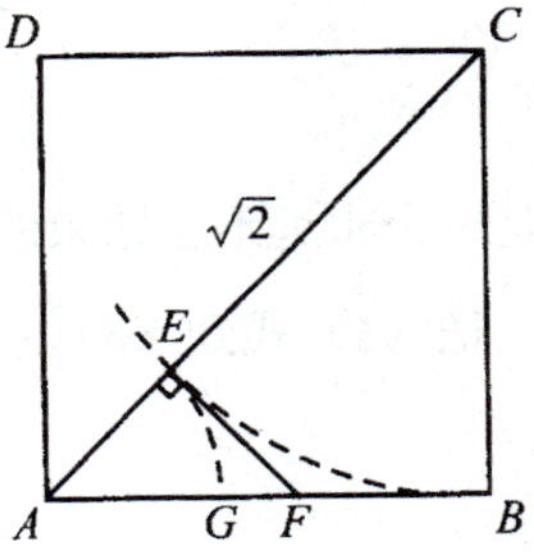

图 4-1

如图 4-1，设 $ABCD$ 是边长为 1 的正方形，对角线 $AC=\sqrt{2}$。我们用 BC 来量 AC，在 AC 上截取

$$CE=BC=1,$$

于是得

$$AC=BC+AE,$$

即

$$\sqrt{2}=1+r_1。\qquad (r_1=AE<1) \tag{4}$$

接着，我们用 AE 来量 $BC=AB=1$，即用 r_1 来量 1。注意到$\triangle BCE$ 中，$BC=EC$，故若过 E 作 AC 之垂线交 AB 于 F，则 $FB=EF=AE=r_1$。在 AF 上截取 $AG=AE=r_1$，可见

$$1=2r_1+r_2。\qquad (r_2=GF<r_1) \tag{5}$$

但是，用 AE 来量 AF，这恰巧又是用正方形的边来量它的对角线！因而 $GF:AE=AE:1$，即 $r_2:r_1=r_1:1$，所以

$$\frac{r_1}{r_2}=\frac{1}{r_1}=2+\frac{r_2}{r_1}=2+r_1,$$

整理得

$$r_1=2r_2+r_3。\qquad (r_3=r_1r_2) \tag{6}$$

利用 $r_3:r_2=r_1:1$，又得

$$\frac{r_2}{r_3}=\frac{1}{r_1}=2+\frac{r_2}{r_1}=2+r_1,$$

即

$$r_2=2r_3+r_4。\quad (r_4=r_1r_3) \tag{7}$$

重复进行，得到

$$\left.\begin{aligned} &r_3=2r_4+r_5; && (r_5=r_1r_4)\\ &r_4=2r_5+r_6; && (r_6=r_1r_5)\\ &\cdots\cdots\\ &r_{n-1}=2r_n+r_{n+1}。 && (r_{n+1}=r_1r_n)\end{aligned}\right\} \tag{8}$$

这是一个永远不会结束的过程。

把（4）式到（8）式改写成下列形式：

$$\left.\begin{aligned} &\sqrt{2}=1+r_1; && (\text{i})\\ &r_1=1\Big/\left(2+\frac{r_2}{r_1}\right); && (\text{ii})\\ &\frac{r_2}{r_1}=1\Big/\left(2+\frac{r_3}{r_2}\right); && (\text{iii})\\ &\frac{r_3}{r_2}=1\Big/\left(2+\frac{r_4}{r_3}\right); && (\text{iv})\\ &\cdots\cdots\\ &\frac{r_n}{r_{n-1}}=1\Big/\left(2+\frac{r_{n+1}}{r_n}\right)。 && (n+\text{i})\end{aligned}\right\} \tag{9}$$

注意到 $0<\frac{r_{n+1}}{r_n}=r_1$，由（ii），有 $r_1<\frac{1}{2}$。把（9）式中的（ii）代入（i），得

$$\sqrt{2}=1+\cfrac{1}{2+\cfrac{r_2}{r_1}}, \tag{10}$$

在（10）式中利用 $0<\frac{r_2}{r_1}<\frac{1}{2}$，得

$$1+\cfrac{1}{2+\cfrac{1}{2}}<\sqrt{2}<1+\frac{1}{2},$$

即$\frac{7}{5}<\sqrt{2}<\frac{3}{2}$。把（ⅲ）再代入（10）式，得

$$\sqrt{2}=1+\cfrac{1}{2+\cfrac{1}{2+\cfrac{r_3}{r_2}}}。\tag{11}$$

由$0<\frac{r_3}{r_2}<\frac{1}{2}$，又得

$$1+\cfrac{1}{2+\cfrac{1}{2}}<\sqrt{2}<1+\cfrac{1}{2+\cfrac{1}{2+\cfrac{1}{2}}},\tag{12}$$

即$\frac{7}{5}<\sqrt{2}<\frac{17}{12}$。又把（ⅳ）代入（11）式，得

$$\sqrt{2}=1+\cfrac{1}{2+\cfrac{1}{2+\cfrac{1}{2+\cfrac{r_4}{r_3}}}},\tag{13}$$

由$0<\frac{r_4}{r_3}<\frac{1}{2}$，又得$\frac{41}{29}<\sqrt{2}<\frac{17}{12}$。这些分数$\frac{3}{2}$，$\frac{7}{5}$，$\frac{17}{12}$，$\frac{41}{29}$，…的值是 1.5，1.4，$1.41\dot{6}$，1.4137…它们越来越接近$\sqrt{2}$。

如果把（9）式中的（ⅴ）代入（13），再把（ⅵ）、（ⅶ）…依次代入，得到一个无穷无尽的式子

$$\sqrt{2}=1+\cfrac{1}{2+\cfrac{1}{2+\cfrac{1}{2+\cfrac{1}{2+\ddots}}}}。\tag{14}$$

这叫做$\sqrt{2}$的连分数表示。上面的写法太占地方，所以通常写成

$$\sqrt{2}=[1,2,2,2,2,\cdots],\tag{15}$$

或

$$\sqrt{2}=1+\frac{1}{2}+\frac{1}{2}+\frac{1}{2}+\frac{1}{2}+\cdots\tag{16}$$

如果只取有限项，如（13）式，可写成

$$\sqrt{2}=\left[1,\ 2,\ 2,\ 2+\frac{r_4}{r_3}\right], \tag{17}$$

或者

$$\sqrt{2}=1+\frac{1}{2}+\frac{1}{2}+\frac{1}{2+\frac{r_4}{r_3}}。 \tag{18}$$

也可以不通过几何途径，用代数方法更简捷地得到$\sqrt{2}$的连分数表示。

设$\sqrt{2}-1=x$，则$\sqrt{2}=1+x$，于是

$$2=1+2x+x^2,$$

即

$$x^2+2x=1。$$

两端除以（$x+2$），得

$$\left.\begin{aligned} x&=\frac{1}{2+x}, & (\text{i})\\ \sqrt{2}=1+x&=1+\frac{1}{2+x}。 & (\text{ii})\end{aligned}\right\} \tag{19}$$

把（19）式中的（i）反复代入（ii），就可以得到前面的（14）等表示式。

把$\sqrt{2}$表示成连分式有什么好处呢？如果说是为了用有理数近似地表示$\sqrt{2}$，那么在上一章不是已经介绍了计算$\sqrt{2}$的近似值的方法了吗？

我们说，把$\sqrt{2}$表示成连分式的一个最主要的好处是：利用连分数，我们可以得到$\sqrt{2}$的最佳近似分数。

前面我们得到的一串分数$\frac{3}{2}$，$\frac{7}{5}$，$\frac{17}{12}$，$\frac{41}{29}$，…都是$\sqrt{2}$的最佳近似分数。不信你试试看，能不能找到一个分数，它的分母不超过5，而又比$\frac{7}{5}$更接近$\sqrt{2}$？能不能找到一个分数，它的分母不超过12，而又比$\frac{17}{12}$更接近$\sqrt{2}$？

我们来证明：所有分母不超过12的分数中，以$\frac{17}{12}$最接近$\sqrt{2}$。

首先，从（13）式已经知道 $\frac{41}{29}<\sqrt{2}<\frac{17}{12}$。如果有一个分数$\frac{n}{m}$比$\frac{17}{12}$更接近$\sqrt{2}$，而且 $0<m\leqslant 12$，则有

$$\left|\frac{n}{m}-\sqrt{2}\right|<\left|\frac{17}{12}-\sqrt{2}\right|<\frac{17}{12}-\frac{41}{29}=\frac{1}{12\times 29}, \tag{20}$$

∴
$$\left|\frac{n}{m}-\frac{17}{12}\right|=\left|\frac{n}{m}-\sqrt{2}+\sqrt{2}-\frac{17}{12}\right|$$
$$\leqslant\left|\frac{n}{m}-\sqrt{2}\right|+\left|\sqrt{2}-\frac{17}{12}\right|<\frac{2}{12\times 29}。$$

但

$$\left|\frac{n}{m}-\frac{17}{12}\right|=\frac{|12n-17m|}{12m}\geqslant\frac{1}{12m}。$$

（由 m，n 均为整数知 $12n-17m$ 也为整数，又 $12n-17m\neq 0$，所以 $|12n-17m|\geqslant 1$）

∴
$$\frac{1}{12m}<\frac{2}{12\times 29},$$

∴
$$m>\frac{29}{2}。$$

这证明了 m 至少要大于等于 15，得出矛盾。

用连分数表示法，可以找出$\sqrt{2}$的最佳近似分数。那么，能不能用它找出任一个无理数的最佳近似分数呢?

可以。下面我们简单介绍一下连分数的基本知识。一些结论的严格证明，作为附录放在书末，供有兴趣的读者参考。

[连分数的定义]　若 a_0 是非负整数，a_1，a_2，a_3，…，a_n 是正整数，则分数

$$a_0+\cfrac{1}{a_1+\cfrac{1}{a_2+\cfrac{1}{a_3+\cfrac{}{\ddots+\cfrac{1}{a_n}}}}} \tag{21}$$

叫做 n **级的连分数**。

若 a_1，a_2，…，a_n，a_{n+1}，…是正整数的无穷序列，则下列形式

$$a_0+\cfrac{1}{a_1+\cfrac{1}{a_2+\cfrac{1}{a_3+\ddots\cfrac{1}{a_n+\ddots}}}} \tag{22}$$

叫做**无限连分数**。为了简单，(21) 式可记作

$$[a_0, a_1, a_2, \cdots, a_n],$$

或

$$a_0+\frac{1}{a_1}+\frac{1}{a_2}+\cdots+\frac{1}{a_n}。$$

(22) 式可记作

$$[a_0, a_1, a_2, \cdots, a_n, \cdots]$$

或

$$a_0+\frac{1}{a_1}+\frac{1}{a_2}+\cdots+\frac{1}{a_n}+\cdots$$

有时，为了明确起见，由 (21) 和 (22) 定义的连分数叫做简单连分数，以区别于更为一般的连分数，如

$$3+\cfrac{4}{2+\cfrac{5}{7+\cfrac{1}{2+\cfrac{2}{3}}}}。$$

在以上定义下，可以证明这样几个命题：

[命题 9] 每个 n 级简单连分数 ($n\geqslant1$)，都是正的有理数。反过来，每个正的有理数，都可以表示成 n 级 ($n\geqslant1$) 简单连分数。

[命题 10] 每个正的无理数，都可以展成无限简单连分数。反过来，每个无限简单连分数，必然是一个正的无理数。

命题 9 的含义是清楚的。因为有限连分数总可以由下向上一步一步地化成普通的分数。命题 10 可就不太清楚了。要弄清命题 10 的含义，首先得弄清什么叫"一个数 α 可以展成无限连分数"。

无限连分数 $[a_0, a_1, a_2, \cdots, a_n, \cdots]$ 中，把 a_k 后面的大尾巴砍掉，就变成一个 k 级连分数 $[a_0, a_1, a_2, \cdots, a_k]$。这 k 级连分数可以化成普通的分数 $\frac{p_k}{q_k}$，$\frac{p_k}{q_k}$叫做这个无限连分数的第 k 个近似分数。如果随着 k 的增大，这个$\frac{p_k}{q_k}$越来越接近实数 α，要多接近有多接近，我们就说 α 可以展成无限连分数 $[a_0, a_1, a_2, \cdots, a_n, \cdots]$，也写成

$$\alpha = [a_0, a_1, a_2, \cdots, a_n, \cdots]。$$

如果 $k \leqslant n$，n 级连分数的第 k 个近似分数可以完全类似地来定义。

连分数的最重要的性质就是：

［命题 11］ 若 α 是一个正实数，$\frac{p_k}{q_k}$是它的连分数展式的第 k 个近似分数，且 p_k，q_k 没有大于 1 的公约数，则在一切分母不超过 q_k 的分数$\frac{p}{q}$中，$\frac{p_k}{q_k}$和 α 最接近，即

$$\left|\alpha - \frac{p_k}{q_k}\right| < \left|\alpha - \frac{p}{q}\right|。\text{（当 } q \leqslant q_k\text{，且}\frac{p_k}{q_k} \neq \frac{p}{q}\text{时）}$$

更准确地说，有

$$\left|\alpha - \frac{p_k}{q_k}\right| < \frac{1}{q_k q_{k+1}}。\tag{23}$$

这 3 个命题，我们在这里就不证明了。现在用几个例子说明如何把一个实数展成连分数。

［例 1］ 把$\frac{31}{13}$展成连分数，并求各个近似分数。

解 由

$$\frac{31}{13} = 2 + \frac{5}{13}，\frac{13}{5} = 2 + \frac{3}{5}，$$

$$\frac{5}{3} = 1 + \frac{2}{3}，\frac{3}{2} = 1 + \frac{1}{2}，$$

于是得

$$\frac{31}{13}=[2,2,1,1,2]=2+\cfrac{1}{2+\cfrac{1}{1+\cfrac{1}{1+\cfrac{1}{2}}}}。$$

于是，$\frac{31}{13}$的 0，1，2，3，4 级近似分数分别是

$$[2]=2,\ [2,2]=2+\frac{1}{2}=\frac{5}{2},\ [2,2,1]=\frac{7}{3},$$

$$[2,2,1,1]=\frac{12}{5},\ [2,2,1,1,2]=\frac{31}{13}。$$

［例 2］　把$\sqrt{3}$展成无限连分数，并求前 4 个近似分数。

解　利用把$\sqrt{2}$展成连分数的类似方法来解。设 $y=\sqrt{3}-1$，则由 $(\sqrt{3}-1)(\sqrt{3}+1)=2$，得 $y(y+2)=2$，因而$\frac{y}{2}=\frac{1}{2+y}$，于是

$$y=\frac{2}{2+y}=\frac{1}{1+\frac{y}{2}}=\cfrac{1}{1+\cfrac{1}{2+y}}。$$

把此式反复代入右端式中的 y，得

$$y=[0,1,2,1,2,\cdots],$$

因此

$$\sqrt{3}=1+y=[1,1,2,1,2,1,2,1,2,\cdots]。$$

$\sqrt{3}$的前 4 个近似分数是

$$[1,1]=2,\ [1,1,2]=\frac{5}{3},\ [1,1,2,1]=\frac{7}{4},$$

$$[1,1,2,1,2]=\frac{19}{11},\ [1,1,2,1,2,1]=\frac{26}{15},$$

它们的值分别是 2，$1.\dot{6}$，1.75，$1.\dot{7}2\dot{7}2$，$1.7\dot{3}$，越来越接近$\sqrt{3}=1.7321\cdots$

［例 3］　把 $\pi=3.14159265\cdots$展成连分数，并求前 5 个近似分数。

解

$$\pi=3+0.14159265\cdots=3+\alpha_1,\ (0<\alpha_1<1)$$

$$\frac{1}{\alpha_1}=\frac{1}{0.14159265\cdots}=7+\alpha_2,\ (0<\alpha_2<1)$$

$$\frac{1}{\alpha_2}=15+\alpha_3,\ (0<\alpha_3<1)$$

接下去有

$$\frac{1}{\alpha_3}=1+\alpha_4,\ (0<\alpha_4<1)$$

$$\frac{1}{\alpha_4}=292+\alpha_5,\ (0<\alpha_5<1)$$

于是得

$$\pi=[3,\ 7,\ 15,\ 1,\ 292,\ \cdots]。$$

由此得到 π 的前 5 个近似分数：

$$[3]=3,\ [3,\ 7]=\frac{22}{7},\ [3,\ 7,\ 15]=\frac{333}{106},$$

$$[3,\ 7,\ 15,\ 1]=\frac{355}{113},\ [3,\ 7,\ 15,\ 1,\ 292]=\frac{103993}{33102}。$$

由命题 11 的（23）式可知

$$\left|\pi-\frac{355}{113}\right|\leqslant\frac{1}{113\times 33102}。$$

［例 4］ 地球绕太阳一周要用 365 天 5 小时 48 分 46 秒，也就是要用

$$\alpha^*=365+\frac{5}{24}+\frac{48}{24\times 60}+\frac{46}{24\times 3600}=365\frac{10463}{43200}\ （天）。$$

试把 α^* 展成连分数。

解 由于

$$\frac{43200}{10463}=4+\frac{1348}{10463},\ \frac{10463}{1348}=7+\frac{1027}{1348},$$

$$\frac{1348}{1027}=1+\frac{321}{1027},\ \frac{1027}{321}=3+\frac{64}{321},\ \frac{321}{64}=5+\frac{1}{64},$$

故得 $\alpha^*=[365,\ 4,\ 7,\ 1,\ 3,\ 5,\ 64]$。由此求得 α^* 的小数部分的近似分数顺次是 $\frac{1}{4}$，$\frac{7}{29}$，$\frac{8}{33}$，$\frac{31}{128}$，$\frac{163}{673}$，$\frac{10463}{43200}$。

用这个结果，可以很清楚地解释四年一闰、百年少一闰等历法规定。如果取近似值 $\alpha^*\approx 365\frac{1}{4}$，可见每 4 年多出 1 天，即四年一闰。要是再准确一点，采用

$365\frac{7}{29}$，则是 29 年多 7 天；若按四年一闰，闰 7 次才 28 年，接着就要停闰 1 年。更精确的是用 $365\frac{8}{33}$，这样 99 年要加 24 天；如果四年一闰，每百年加 25 天就不如百年加 24 天准确；也就是百年少一闰，这样已经够精确了。再精确一点，还可以逢 400 年加一闰，等等。

连分数在高等数学中是一个重要工具，它还可以推广到有理分式，把有理分式化成连分式。

练习题四

1. 除了$\frac{1}{1}$，$\frac{3}{2}$，$\frac{7}{5}$，$\frac{17}{12}$之外，在分母不超过 12 的分数中，还有没有$\sqrt{2}$的最佳近似分数？

2. 把$\frac{\sqrt{5}-1}{2}$展成无限连分数，求前 5 个近似分数。

3. 1.12 元钱可买水果糖 41 块，买 4 块糖收几角几分钱最合理？买 11 块呢？

4. 把$\frac{3}{\sqrt{7}}$展成连分数。

5. 若有限数 $\alpha=[a_0, a_1, a_2, \cdots, a_n]$，求证：当 $2k+1\leqslant n$ 时，有：

$$[a_0, a_1, \cdots, a_{2k}]\leqslant\alpha\leqslant[a_0, a_1, a_2, \cdots, a_{2k+1}]。$$

6. 若$\frac{p_k}{q_k}=[a_0, a_1, \cdots, a_k]$，求证：

$$\left|\frac{p_k}{q_k}-\frac{p_{k+1}}{q_{k+1}}\right|=\frac{1}{q_kq_{k+1}}。$$

7. 求证 $\alpha=[a, b, c, b, c, b, c, b, c, \cdots]$ 一定是整系数二次方程式的根。$[a, b, c, a, b, c, a, b, c, \cdots]$ 是否也是呢？

8. 你能把一个正整数 $n=m^2+1$ 的平方根展成连分数吗？

第五章

奇妙的黄金数

毕达哥拉斯有一句名言：凡是美的东西都有共同的特性，那就是部分与部分及部分与整体之间的协调一致。

你现在看的这本书，是个矩形。用尺子量一量它的长和宽，便会知道，它的长与宽的比差不多是 1.4，是$\sqrt{2}$的近似值。

不用尺子量，也可以验证这个事实。如图 5-1，拿一张 16 开或 32 开的矩形白纸 $ABCD$，把短边 AB 和长边 AD 对齐折一下，折痕 AE 恰恰是正方形 $ABEF$ 的对角线。再沿$\angle EAD$ 的角平分线 AG 折过去，便会看到：AE 和 AD 差不多是一样长的。可见

$$AD : AB = AE : AB = \sqrt{2} : 1。$$

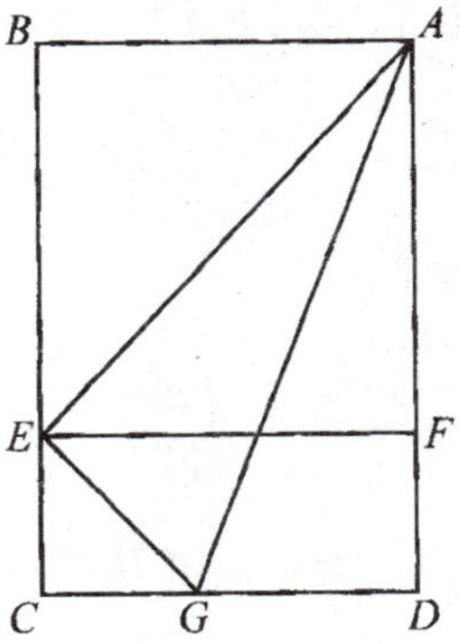

图 5-1

书的长宽比设计成这个样子有什么好处呢？

通常的书，是所谓 32 开本，也就是把一整张纸对开 5 次得到的尺寸。整张纸的长宽比要设计得合理，才能使对开、4 开、8 开、16 开、32 开得到的纸张形状大体相似。比如，整

张纸如果是正方形，那么16开的书便成了方方的，而32开的书却是长长的。这样就不整齐，显得别扭。怎样使一张纸对开后的形状和原来的形状相似呢？设纸的长与宽分别是 x 和 y，想要对开之后和原来的形状相似，要有

$$x:y=y:\frac{x}{2},$$

于是得

$$x^2=2y^2,$$

即

$$x:y=\sqrt{2}:1。$$

当然，通常整张纸的长宽比是1092∶787，或1156∶850，都略小于$\sqrt{2}$。这是因为还考虑到别的因素，比如装订好的书还要把边切齐等。

除了保证各种开本形状相似之外，还要照顾到美观。又窄又长的矩形，或近似正方的矩形，多数人觉得不那么好看，尽管大家都说不出道理来。

什么形状的矩形最美呢？建筑学家很早就研究过这个问题。因为盖房子要开窗口，窗子多数是矩形的。经过调查研究，大家认为，如果一个矩形，把它切掉一个正方形后，剩下的小矩形和原来的相似，看起来才是最美的。

怎样达到这个要求呢？如图5-2，设矩形长为 y，宽为 x。想要从 $ABCD$ 中切掉一个正方形 $CDFE$，使剩下来的 $ABEF$ 相似于原来的矩形 $BCDA$，必须

$$\frac{x}{y}=\frac{y-x}{x}=\frac{y}{x}-1,$$

也就是

$$\left(\frac{x}{y}\right)^2+\left(\frac{x}{y}\right)-1=0。$$

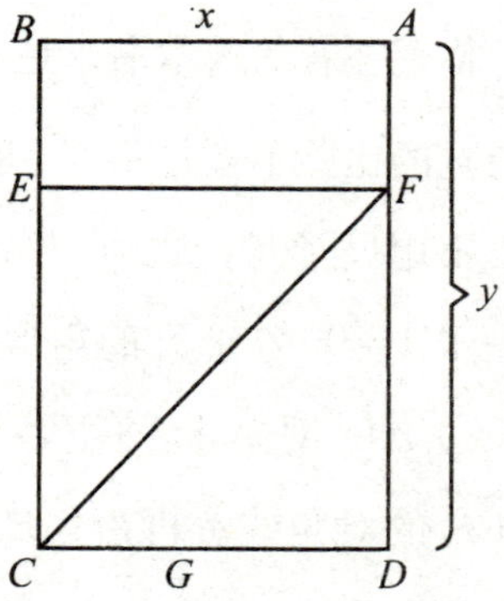

图 5-2

设$\frac{x}{y}=\lambda$，解方程式 $\lambda^2+\lambda-1=0$，得到 $\lambda=\frac{-1\pm\sqrt{5}}{2}$。取正根，即得

$$\frac{x}{y}=\frac{\sqrt{5}-1}{2}=0.618\cdots$$

这个最“美”的矩形的宽与长之比、无理数$\frac{1}{2}$（$\sqrt{5}-1$），就是有名的**黄金数**，简称**金数**。

留心看看建筑物上的窗户，便会发现，大多数窗户像图 5-2 的那个矩形，而且也常常分成两块，下面差不多是方的。

黄金数，又叫做“中外比”。它的来历是这样的：在线段 AB 上取一个点 C，C 把 AB 分成大小两段 AC、BC。如果能使全段比大段等于大段比小段，即

$$\frac{AB}{AC}=\frac{AC}{BC},$$

那么比值 $BC:AC$ 叫做**中外比**。这时，C 点应当在何处呢？

设 $\lambda=\frac{BC}{AC}$，由 $AB=BC+AC$ 及上述要求得

$$\frac{BC+AC}{AC}=\frac{AC}{BC},$$

也就是 $\lambda+1=\frac{1}{\lambda}$，即 $\lambda^2+\lambda-1=0$，又得到了 $\lambda=\frac{\sqrt{5}-1}{2}$。

如果 AB 是一根琴弦，在 C 点附近弹奏，琴声最为悦耳。一般说来，管弦乐器在中外比处，奏出的声音较为和谐。所以，人们把这种线段分割法叫**黄金分割**，或**弦分割**。

舞台的宽如果是 AB，报幕员的位置在哪里最好呢？站在正中间显得太呆板，站在靠边的地方，又似乎失去了平衡；而站在 AB 的黄金分割点，多数人会觉得比较得体。

也许你在想，美观也罢，悦耳也罢，无非是人们的一种模模糊糊的感觉。你说长宽比为 $1:\frac{\sqrt{5}-1}{2}$ 的窗子好看，我偏说正方形好看，或者说细长条好看。你能拿出什么真凭实据把我驳倒？

这个我可拿不出。不过，黄金数的其他用途和性质，那是有真凭实据的。

首先值得一提的是优选法。

比如，要造一种化学药品，只知道反应温度在 0℃ 到 100℃ 之间的某个温度

时，产品的质量最好。怎么才能找到这个最佳温度呢？

那就在 0℃到 100℃之间进行试验吧。做试验，要花钱，费时间。怎样安排试验，才能用最少的试验次数，来找到最佳的温度呢？

优选法可以帮我们解决这个问题。怎么解决呢？黄金数 0.618…扮演了重要角色！

如图 5-3，用 AB 线段上的点代表 0℃到 100℃之间的温度。A 表示 0℃，B 表示 100℃。前两次试验，就取 AB 的两个中外比位置 C、D 所代表的温度来试验。由于

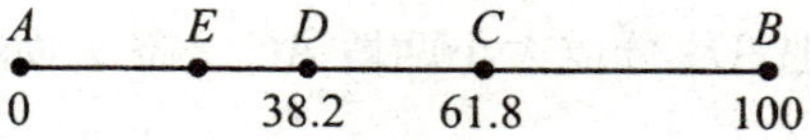

图 5-3

$$AC : AB=\frac{\sqrt{5}-1}{2} : 1\approx 0.618,$$

$$BD : AB\approx 0.618,$$

所以 D、C 分别表示 38.2℃和 61.8℃。

两次试验之后，比比看哪个温度效果好。如果 D 比 C 好，从 C 到 B（61.8℃到 100℃）这一段就淘汰，不用试了；C 比 D 好，就淘汰 AD 段。当试验继续进行时，又按这个中外比位置在 AC 上选点。由于中外比的性质，AD : $AC\approx 0.618$，故只要再取 E 点，使 CE : $AC\approx 0.618$ 就够了。把 E 点试验结果和刚才做过的 D 点比较，又可以淘汰掉 AE 或 DC 两段之一。

试一次，淘汰一段，只要做十几次试验，便可以找到最佳温度。要是从 0℃开始（或从 100℃开始）一度一度地试，说不定要试近百次呢！

利用黄金数来设计试验，是 1953 年国外一篇文章中提出来的。我国著名数学家华罗庚教授，不但亲自到群众中去普及优选法，而且在优选法的进一步研究中，作出了重要贡献。华罗庚教授第一个指出，国外数学家虽然提出了利用黄金数设计试验，但没有证明黄金分割的最优性；已发表的所谓证明，在数学上都站不住脚。在他指出这一点之后不到一年，我国著名的计算机科学家洪加威教授，彻底地解决了这个问题，证明了黄金分割的最优性。

用黄金数来指导科学试验，已经使人赞叹了，更令人惊奇的是，某些植物的生长竟然也和黄金数有关！

在一枝茎上，生长着一层一层的绿叶。绿叶，是要进行光合作用，为植物制造营养的。怎样使上层的叶子，尽可能少遮蔽下层的叶子，从而使阳光得到充分利用呢？人们经过大量的观察和分析，发现了一个奥秘：原来，叶子的分布规律和黄金数有密切的关系。

设想，如果叶子像图 5-4 那样分布，相邻的两层叶子叶尖所指方向互相垂直。如果只有两层，上下可以错开，上面的叶子是挡不住阳光的。但如果层数多了，5，7，9 层叶子就会挡住 1，3 层的阳光，6，8 层的叶子会遮 2，4 层的阳光了，这就不好。

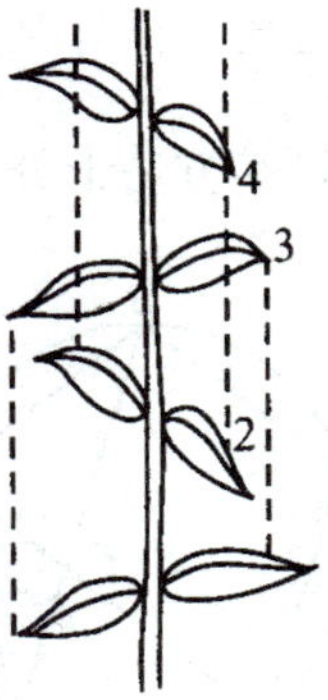

图 5-4

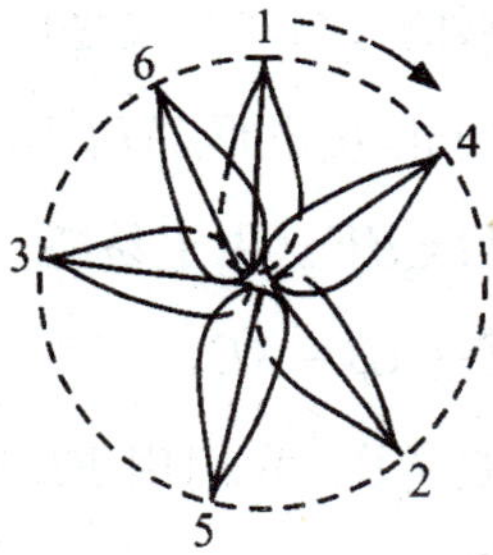

图 5-5

叶子是怎么长的呢？图 5-5 是从上往下俯视的示意图。每层叶子只画一个来代表。第一层叶子和第二层之间，方向的角度差大致是 137.5°，以后 2 到 3，3 到 4，4 到 5，5 到 6，大致都是这个度数。这样就可以比较均匀地把多层叶子铺开了。

137.5°这个数有什么特点呢？我们知道，一圈是 360°，

$$360^\circ-137.5^\circ=222.5^\circ,$$

而

$$137.5:222.5\approx0.618。$$

这里，又碰到了老朋友——黄金数！

在植物的主茎上，小枝的分布很多也是符合这个规律的。

黄金数$\frac{\sqrt{5}-1}{2}$，曾被古代的数学家认为是几何学的两大瑰宝之一（另一个是勾股定理）。有人说，它是人类所知道的第一个无理数，比$\sqrt{2}$还早。但由于欧几里得的《几何原本》中只记述了$\sqrt{2}$不是有理数的证法，所以也有人认为这个说法还缺乏充分的根据。

认为黄金数比$\sqrt{2}$更早的人说，发现黄金数的人就是那个发现$\sqrt{2}$的人，即毕达哥拉斯的门徒希帕苏斯。希帕苏斯不但发现了正方形的边与对角线之比不是有理数，而且发现了正五边形的边与对角线之比也不是有理数。用初中平面几何里的知识，你能够算出：正五边形的边长与对角线之比，恰好又是$\frac{\sqrt{5}-1}{2}$！

证明正五边形的边与对角线之比不是有理数，其方法十分巧妙。

如图 5-6，用正五边形 $ABCDE$ 的边 AE 来量它的对角线 BE。由于易证

$$BF=AB=AE,$$

故量剩下的一段是 FE。我们用 FE 回过头来量 AE 时不难发现，FE 恰巧是小正五边形 $AFEGH$ 的边，而 AE 成了对角线。情况和第一次一样，这就永远不可能正好量尽（图中 $BE /\!/ AG /\!/ HJ$，$AD /\!/ HE /\!/ KG$）！这说明 AE 与 BE 之比不是有理数。

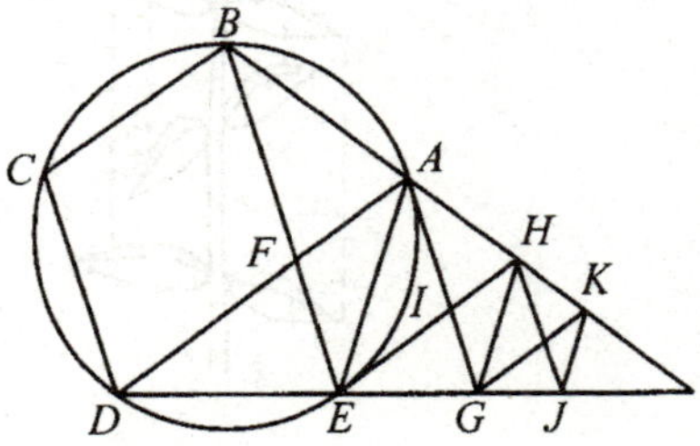

图 5-6

由于每次度量，都是量一下便剩个零头，按照上一章所说的道理，可知这个比值的连分数是

$$\frac{AE}{BE}=[0,1,1,1,1,\cdots]。$$

用$\lambda=\frac{\sqrt{5}-1}{2}$表示黄金数，你马上可以验证：

$$\lambda+1=\frac{1}{\lambda}，而\ \lambda+2=\frac{1}{\lambda^2}。$$

λ，$\lambda+1$，$\lambda+2$ 这 3 个数，一个比一个大 1，老大是老二的平方，老二又是老三的倒数，这种关系颇为有趣。相互之间有这种关系的 3 个数，在无穷无尽的实数中，只有这 3 个，而它们又有这么多的用处，所以有人把它们叫做“奇妙的无理数三兄弟”。

刚才都是在讲老三。其实，讲老三也等于讲老二；因为老二和老三互为倒数。最美的矩形，宽与长之比等于 0.618…，这是老三；反过来，长与宽之比是 1.618…，这不是老二吗？

下面介绍一个有趣的游戏。在这个游戏中，主要是老大和老二在起作用了。

这里有两堆小石子，可以两堆一样多，也可以一堆多些，另一堆少些。你和你的朋友按下列规则来做游戏：

（1）两人轮流把小石子拿到自己手里，每次至少拿一粒，不许不拿。

（2）可以从一堆里拿，一次拿几粒都行，把一堆拿光也可以。

（3）也可以同时从两堆里拿，但每次从两堆里拿的数目要一样多。

（4）拿到最后一粒石子的就是胜利者。

这游戏规则并不复杂。可是当石子数目稍多时，比如一堆是 8 粒，另一堆 11 粒，想要找到取胜的规律并不容易！如果你掌握了其中的奥妙，而你的朋友不知道，那么十有八次你会得胜。

奥妙在哪里呢？请看下表：

n	1	2	3	4	5	6	7	8	9
A_n	1	3	4	6	8	9	11	12	14
B_n	2	5	7	10	13	15	18	20	23

表上有一对一对的数字：（1，2），（3，5），（4，7），等等。如果你能把石子的数目拿成和表上某一对数相同，那么无论对方怎样拿，你都能得胜。

很明显，如果两堆石子中，一堆只有 1 粒，另一堆有 2 粒。轮到对方拿，那么他不管怎么拿，下一次你总可以一把抓尽，取得胜利。

如果两堆分别是 3 粒和 5 粒呢？

轮到对方拿。他不管怎么拿，你还是可以取胜。因为：如果他从 3 粒中取 1 粒，你就可以从 5 粒中取 4 粒；他从 3 粒中取 2 粒，你就可以从 5 粒中取 3 粒；他从 5 粒中取 1 粒，你就从两堆中各取 2 粒；他从 5 粒中取 2 粒，你干脆就一下拿光……总之，他拿过之后，你总可以拿光或把石子拿成（1，2）的情形！

总之，只要石子数目和表上某一对数符合了，不管他怎么拿，拿过之后，你总可以把石子拿得和表上另一对数又符合。这样越拿越少，最后就是（1，2），而且轮到他拿，你就稳操胜券了。

这表里的数有什么规律呢？原来，A_n 恰巧是“老二”的 n 倍的整数部分，B_n 是“老大”的 n 倍的整数部分。如果用 $[x]$ 表示 x 的整数部分，即不大于 x 的最大整数，就是

$$A_1=\left[\frac{1+\sqrt{5}}{2}\right]=1,\qquad B_1=\left[\frac{3+\sqrt{5}}{2}\right]=2;$$

$$A_2=\left[2\times\frac{1+\sqrt{5}}{2}\right]=3,\qquad B_2=\left[2\times\frac{3+\sqrt{5}}{2}\right]=5;$$

$$A_3=\left[3\times\frac{1+\sqrt{5}}{2}\right]=4,\qquad B_3=\left[3\times\frac{3+\sqrt{5}}{2}\right]=7;$$

$$A_4=\left[4\times\frac{1+\sqrt{5}}{2}\right]=6,\qquad B_4=\left[4\times\frac{3+\sqrt{5}}{2}\right]=10;$$

……

这么看，要造这个表还很费事，要作大量计算呢！

有一个简单方法，可以不用计算就把这个表很快造出来。只要记住两条：

第一，$B_n-A_n=n$。有了 A_n 加上 n 便是 B_n。

第二，所有的正整数都会在这个表上出现一次，且 $A_n<A_{n+1}$。

有了这两条，造这个表就容易了。比如已经有了第一对数（1，2），下一步（A_2，B_2）是多少呢？因为所有的正整数都要出现，那必须取 $A_2=3$；否则，“3”再也没有机会出现了。按第一条规定，就知道 $B_2=3+2=5$。接下去，因为 1，2，3 都出现了，4 还没有出现，故 $A_3=4$，$B_3=4+3=7$。下一步轮到 $A_4=6$（因为 1，2，3，4，5 都已知有过了），于是

$$B_4=6+4=10。$$

前面没写出 A_{10} 和 B_{10}，但我们看到 $A_9=14$，说明比 14 小的数已用完，15 也已出现，只有取 $A_{10}=16$，$B_{10}=26$。

这个游戏，不少刊物上介绍过它，但往往没有讲清楚这个取胜之表的造法，也没有证明这个表和老大 2.618…及老二 1.618…的关系。我们把这些关系的证明分成几个小习题，你如果有兴趣，可以通过自己的努力完成这几个题，也就明白其中的数学道理了。

作为这一章的结尾，再举一个应用黄金数的例子：我国著名数学家华罗庚教授和他的高足王元教授，对黄金数进行了深入的研究和巧妙的推广，设计出强有力的计算多重定积分的新方法。他们的这一研究成果在世界上处于领先地位，获得国际数学界的高度评价。人类对黄金数的认识，又揭开了新的辉煌的一页。

练习题五

1. 数列 1，1，2，3，5，8，13，21，34，55，…叫做斐波纳奇数列。它的规律是每一项是前两项之和。求证：相邻两项之比越来越接近$\frac{\sqrt{5}-1}{2}$。更具体地说，记 $p_0=1$，$p_1=1$，$p_2=2$，$p_3=3$，…，$p_{n+1}=p_n+p_{n-1}$，…则有

$$\left|\frac{\sqrt{5}-1}{2}-\frac{p_{n-1}}{p_n}\right|<\frac{1}{p_n p_{n+1}}。$$

2. 正五边形 $ABCDE$ 中，对角线 AD、BE 交于 F。求证：$BE:BF=BF:FE$，因而 $BF:FE=\frac{1+\sqrt{5}}{2}$。

3. 21 个外表相同的小球排成一行，中间有一个球最重。从它向前，一个比一个轻，从它向后也是一个比一个轻。要用天平称 6 次，把最重的这个球找出来，怎样称？

4. 设 $\lambda=\frac{\sqrt{5}-1}{2}$，求证：

(1) $\left[\frac{n}{\lambda^2}\right]-\left[\frac{n}{\lambda}\right]=n$。（$[x]$ 表示 x 的整数部分。）

(2) 对任意正整数 n，m，$\left[\frac{n}{\lambda^2}\right]\neq\left[\frac{m}{\lambda}\right]$。

5. 若 α 是正的无理数，满足条件 $[k\alpha]<n$ 的正整数 k 有多少个？

6. 利用 4、5 两题说明：当 $n=1$，2，3，…时，$\left[\frac{n}{\lambda}\right]$和$\left[\frac{n}{\lambda^2}\right]$可以既不重复又不遗漏地走遍全体正整数。

7. 能利用以上 3 题把拿石子游戏的取胜原理说清吗？

第六章

近似的数学

数学需要精确，可是，数学也不总是需要精确。不信，请看平方根表、对数表等常用表里，有几个是准确的函数值？

$\sqrt{2}$是无理数，可见在平方根表里查到的$\sqrt{2}=1.4142$是近似值。不管用多少位的表，也只能是近似值。

我们又知道 $\sin 45°=\cos 45°=\frac{\sqrt{2}}{2}$。可见，在正弦函数表里查到的 $\sin 45°=0.7071$，也只能是无理数的近似值。

我们常用的表，还有正切函数表、常用对数表，在这些表里出现的数字，哪些是准确的函数值？哪些是有理数的近似值，哪些是无理数的近似值呢？

平方表很简单。表里列出了从 1.00 到 9.99 这些数的平方的 4 位有效数字。这 900 个数的平方都是有理数，但除了其中的 90 个数（1.00，1.10，1.20，…，9.90）的平方可以用 4 位数字准确表示外，别的都要用 5～6 位来表示。可见，表中数字 90% 是近似值——不过都是有理数的近似值。

通过类似的分析，我们可知立方表里只有 22 个数是准确值，其他的都是有理数的近似值。

用第二章里介绍过的知识，可以弄清楚，在平方根表里，除了 30 多个可以开尽的数外，其他的都是近似值——只不过此时都是无理数的近似值罢了。

立方根表可以类似地分析。

常用对数表也很容易分析。我们可以证明：

［命题 12］ 若 x 是有理数，则当且仅当 $x=10^n$（n 为整数）时，$\lg x$ 才是有理数。

证明 设 $\lg x=y$。按定义，$10^y=x$。记 $x=\frac{k}{m}$，m，k 没有大于 1 的公约数。如果 y 是有理数，$y=\frac{q}{p}$，p，q 没有大于 1 的公约数。由

$$10^{\frac{q}{p}}=\frac{k}{m},$$

两端 p 次方，得

$$10^q=\frac{k^p}{m^p},$$

即

$$m^p 10^q=k^p。$$

由于 m，k 没有大于 1 的公约数，由 $m^p10^q=k^p$ 可知 $m=1$。于是 $k^p=10^q$，可见 k 一定是 10 的整数次幂。而 $x=\frac{k}{m}=\frac{k}{1}$，故 x 是 10 的整数次幂。证毕。

这样，在常用对数表里，除了 $\lg 10=1.0000$ 外，剩下的都是无理数的近似值了。

用类似的方法可以证明，在反对数表里，除了 $10^0=1$ 外，其他都是无理数的近似值。

不过，三角函数表可就没这么简单了。

通常，在三角函数表里，自变量的取值是用度、分、秒表示的。比如，在余弦表里可以查到 $\cos 31°6'=0.8563$。按照弧度与角度互化的方法，π 弧度$=180°$，有

$$31°6'=\left(\frac{31}{180}+\frac{6}{180\times60}\right)\pi=\frac{311\pi}{1800}\text{（弧度）。}$$

这样，如以弧度为单位，表上列出的角度便都是 π 的有理倍数。我们只要针对 $\cos\frac{m}{n}\pi$ 这类函数值研究便可以了。

设 $\frac{m}{n}\pi=\varphi$，则 $\cos n\varphi=\cos m\pi=\pm1$。如果我们找到了 $\cos n\varphi$ 和 $\cos\varphi$ 之间的联系，就容易对 $\cos\varphi$ 进行分析了。你一定会想到，利用和角公式或和差化积，容易达到这个目的。首先，

$\cos 2\varphi=2\cos^2\varphi-1$，

$$\begin{aligned}\cos 3\varphi&=\cos(2\varphi+\varphi)+\cos(2\varphi-\varphi)-\cos\varphi\\&=2\cos^2 2\varphi\cos\varphi-\cos\varphi\\&=4\cos^3\varphi-3\cos\varphi。\end{aligned}$$

从这里容易想到：可以用递推的方法把 $\cos n\varphi$ 展成 $\cos\varphi$ 的多项式。具体一些，有

［**命题 13**］ 若 n 是正整数，则有恒等式

$$\cos n\varphi=2^{n-1}(\cos\varphi)^n+a_1(\cos\varphi)^{n-1}+\cdots+a_{n-1}\cos\varphi+a_n, \quad (1)$$

其中 $a_1,a_2,\cdots,a_n$ 都是整数。若 n 为奇数，则 $a_n=0$；n 为偶数，则 $a_n=(-1)^{\frac{n}{2}}$。

证明 根据恒等式

$$\cos n\varphi+\cos(n-2)\varphi=2\cos(n-1)\varphi\cos\varphi,$$

即得递推关系式

$$\cos n\varphi=2\cos(n-1)\varphi\cdot\cos\varphi-\cos(n-2)\varphi。\quad (2)$$

对 n 作数学归纳，设 $\cos(n-1)\varphi$，$\cos(n-2)\varphi$ 都可以展成（1）的形式

$$\left.\begin{aligned}\cos(n-1)\varphi&=2^{n-2}(\cos\varphi)^{n-1}+b_1(\cos\varphi)^{n-2}+\cdots+b_{n-1},\\\cos(n-2)\varphi&=2^{n-3}(\cos\varphi)^{n-2}+c_1(\cos\varphi)^{n-3}+\cdots+c_{n-2}。\end{aligned}\right\} \quad (3)$$

把（3）式代入（2）式，即可把 $\cos n\varphi$ 表示成（1）式的形式。由归纳法，（1）式成立。

(1) 式既然是恒等式，那么它对 φ 的一切值成立。取 $\varphi=\frac{\pi}{2}$，则因 $\cos\frac{\pi}{2}=0$，得 $a_n=\cos\frac{n\pi}{2}$。所以当 n 为奇数时，$a_n=0$；n 为偶数时，$a_n=(-1)^{\frac{n}{2}}$。证毕。应用命题 13，我们立刻能判断 $\cos\frac{m}{n}\pi$ 什么时候是无理数了。

[命题 14]　若 n 为奇数，$\cos\frac{m}{n}\pi\neq\pm1$ 或 $\pm\frac{1}{2}$，则 $\cos\frac{m}{n}\pi$ 必为无理数。

证明　在 (1) 式中，设 $\varphi=\frac{m}{n}\pi$，得（注意，n 为奇数，$a_n=0$）

$$(-1)^m=2^{n-1}(\cos\varphi)^n+a_1(\cos\varphi)^{n-1}+\cdots+a_{n-1}\cos\varphi。\tag{4}$$

由 (4) 式可见 $\cos\varphi\neq0$。设 $x=\frac{1}{\cos\varphi}$，代入 (4) 式，整理得

$$x^n+(-1)^{m+1}a_{n-1}x^{n-1}+\cdots+(-1)^{m+1}a_1x+(-1)^{m+1}2^{n-1}=0。\tag{5}$$

由 (5) 式可知，若 x 为有理数，x 一定是整数（第二章，命题 5）。又由 (5) 式可知

$$x^n+(-1)^{m+1}a_{n-1}x^{n-1}+\cdots+(-1)^{m+1}a_1x=(-1)^m2^{n-1}。\tag{6}$$

可见，x 一定是 $(-1)^m2^{n-1}$ 的约数，因而 $x=\pm2^k$ $(0\leqslant k\leqslant n-1)$，即当 n 为奇数时

$$\cos\varphi=\cos\frac{m}{n}\pi=\pm\frac{1}{2^k}\ (0\leqslant k\leqslant n-1)。$$

但是 $\cos2\varphi=\cos\frac{2m}{n}\pi$ 也满足形如 (4) 的等式，故又有

$$\cos2\varphi=\pm\frac{1}{2^p}\ (0\leqslant p\leqslant n-1)。$$

由 $\cos2\varphi=2\cos^2\varphi-1$，得

$$\pm\frac{1}{2^p}=\frac{1}{2^{2k-1}}-1。\tag{7}$$

可见 p，k 都不能大于 1，即 $\cos\varphi=\pm1$ 或 $\pm\frac{1}{2}$。证毕。

把命题 14 灵活地运用一下，当 n 为偶数时，$\cos\frac{m}{n}\pi$ 何时为无理数的问题也

解决了。

[命题 15] 若 n，m 为任意整数，$n\neq 0$，如果

$$\cos\frac{m}{n}\pi\neq 0,\ \pm 1,\ \pm\frac{1}{2},$$

则 $\cos\frac{m}{n}\pi$ 必为无理数。

证明 设 $n=2^k p$，p 为奇数，我们对 k 作数学归纳法证明。当 $k=0$ 时，n 为奇数，由命题 14 知道，如果

$$\cos\frac{m}{n}\pi\neq 0,\ \pm 1,\ \pm\frac{1}{2},$$

则 $\cos\frac{m}{n}\pi$ 必为无理数。

现在设 $\cos\frac{m}{2^k p}\pi$ 只能取到 0，± 1，$\pm\frac{1}{2}$ 这些有理数值，否则必为无理数，再证 $\cos\frac{m}{2^{k+1}p}\pi$ 也是如此。设

$$\psi=\frac{m}{2^{k+1}p}\pi,$$

则由

$$\cos 2\psi=2\cos^2\psi-1$$

可知，如果 $\cos\psi$ 是有理数，$\cos 2\psi$ 也是有理数。于是由归纳假设 $\cos 2\psi=0$，± 1，$\pm\frac{1}{2}$，故 $2\cos^2\psi-1=0$，或 ± 1，或 $\pm\frac{1}{2}$。可见，若 $\cos\psi$ 是有理数，也只能是 0（当 $\cos 2\psi=-1$）或 ± 1（当 $\cos 2\psi=1$）或 $\pm\frac{1}{2}$（当 $\cos 2\psi=-\frac{1}{2}$）。由数学归纳法，命题 15 得证。

现在，我们已经知道，在余弦函数表里，除了 $\cos 0°=1$，$\cos 90°=0$ 和 $\cos 60°=\frac{1}{2}$ 这 3 个值外，全部是无理数的近似值！

正弦函数又如何呢？很显然有：

[命题 16] 若 $\sin\frac{m}{n}\pi\neq 0$，± 1，$\pm\frac{1}{2}$，则 $\sin\frac{m}{n}\pi$ 必为无理数，此处 m，n

是任意整数，$n\neq0$。

证明 根据

$$\sin\frac{m}{n}\pi=\cos\left(\frac{\pi}{2}-\frac{m}{n}\pi\right)=\cos\frac{n-2m}{2n}\pi,$$

即由命题15推出本命题。

现在，我们乘胜前进，看看正切函数表里有哪些有理数表示的是准确值。

[命题17] 若m，n是任意整数，$n\neq0$，则$\tan\frac{m}{n}\pi$除了取0和±1这些值之外，只能取无理数值。

证明 若$\tan\frac{m}{n}\pi=a$，a为有理数。记$\frac{m}{n}\pi=\varphi$，则

$$\tan^2\varphi=\frac{\sin^2\varphi}{\cos^2\varphi}=a^2,$$

即

$$\frac{1-\cos^2\varphi}{\cos^2\varphi}=a^2。$$

由此解出$\cos^2\varphi=\frac{1}{1+a^2}$，从而

$$\cos 2\varphi=\frac{2}{1+a^2}-1。$$

要使$\cos 2\varphi$是有理数，由命题15，必须$\cos 2\varphi=0$，或±1，或$\pm\frac{1}{2}$。故$\cos\varphi$只能取0，±1，$\pm\frac{1}{2}$，$\pm\frac{\sqrt{3}}{2}$，$\pm\frac{\sqrt{2}}{2}$。和这些值对应，$\sin\varphi$只能取±1，0，$\pm\frac{\sqrt{3}}{2}$，$\pm\frac{1}{2}$，$\pm\frac{\sqrt{2}}{2}$。想要$a=\frac{\sin\varphi}{\cos\varphi}$是有理数，只有$\cos\varphi=\pm1$，或$\pm\frac{\sqrt{2}}{2}$。对应地，只有当$\tan\varphi=0$，$\pm1$时才可能是有理数。证毕。

这样，正切函数表里，只有$\tan 0^\circ=0$，$\tan 45^\circ=1$这两个准确值，别的都是无理数的近似值！

从以上分析可见，我们在计算中，用到的许多数据本来都应该是无理数，只不过为了方便，用有理数来近似地代替它们罢了。

练习题六

1. 若 a 和 b 都是正的有理数。求证：只有当 a，b 是同一个有理数的整数幂时$\left[\text{例如}\ a=\left(\frac{3}{5}\right)^7,\ b=\frac{3}{5}^{-2}\right]$，$\log_a b$ 才是有理数。

2. 若 a 不是任何整系数代数方程式的根，b 是正的有理数，$a>0$，问在什么情形下 $\log_a b$ 才是有理数？

3. 如果 $\sin\varphi$ 是有理数，那么 $\sin n\varphi$（n 是整数）什么时候是有理数？

4. 如果 $\varphi=\frac{m}{n}\pi$，那么 $\sin\varphi+\cos\varphi$ 为何值时是有理数？

5. 如果 $\varphi=\frac{m}{n}\pi$，那么 $\sin\varphi$ 为何值时是整系数二次方程式 $kx^2+l=0$ 的根？

第七章
天衣无缝的数直线

数学史上最让人惊奇的事情之一，是实数系的逻辑基础竟迟至19世纪后叶才建立起来。

正整数是容易理解的，简单的计数就要用到它。3岁的孩子，也会数他手中的水果糖。

分数也是容易理解的。因为它可以归结为整数之比。

但是，无理数的本质是什么？直到18世纪，无理数对数学家们来说仍然是一个谜，但人们又不能不和无理数打交道。

随着农业生产的发展，人们为了掌握季节变化的规律，需要天文知识，要测算日月星辰的位置。这样三角学发展起来了。$\sqrt{2}$被发现400多年后，人们已会计算许多角度的三角函数值，这些值绝大多数是无理数。

到了1500年前后，人们不但会解二次方程式，而且开始会解一些特殊的三次方程式了。这些方程式的根，很多是无理数。

又过了不到100年，纳皮尔（1550—1617）发现了对数。我们知道，有理数的对数差不多都是无理数。

无理数的广泛使用，促使越来越多的数学家开始探讨无理数的实质。

对无理数，有的数学家坚持不承认主义。他们认为，尽管为了研究几何问题不能不用到无理数，但我们想把它数出来的时候（用小数表示出来），它们就无止境地往远跑，使我们无法准确地掌握它！既然缺乏准确性，又怎么能叫做数？所以，无理数不是数，它是隐藏在无穷迷雾后面的某种东西。

也有不少数学家认为，无理数是地地道道的数，因为无理数可以表示实实在在的几何量，可以用有理数来逼近；但他们也没有提出无理数的系统理论。

还有很多数学家，像中国、印度等东方国家的数学家，他们大胆地应用无理数，并不关心无理数的本身是什么。他们不觉得这里面有多大逻辑上的缺陷。

顺便提一下，当时，由于解二次以上的代数方程式，负数和虚数也开始在运算中使用。16 世纪的欧洲数学家们，被负数、无理数、虚数弄得晕头转向，就像刚上中学的中学生，觉得这是一些难以理解的“怪物”。

随着科学的发展，负数被大家理解了，虚数也得到了合情合理的说明；但无理数之谜的谜底，直到 19 世纪中叶，才被真正揭开！

这是因为，由于 19 世纪的工业技术革命，机器被大量使用，人们在生产实践中提出了许多新问题，促使微积分迅速发展。微积分要研究变量，变量被人们理解为“连续变化”的量。什么叫连续变化呢？比如，x 连续地从 0 变到 1，这是什么意思？你可以回答说，x 要取到 0 和 1 之间的一切实数。这“一切实数”又是哪些？除了有理数，算不算无理数？如果要算，无理数是什么？

这是迫切需要回答的问题。不回答这个问题，微积分的很多基本定理就证不出来。比方说：圆到底有没有面积？圆内一点和圆外一点，用一条连续曲线连起来，这曲线和圆为什么一定会相交？这些一看就对的事，偏偏证不出来！这说明关于实数的理论太不完整了。

让人惊奇的是，这个 2000 多年没有解开的无理数之谜，只要采用一个新的观点，便迎刃而解！

这个新观点，其实并不新，它是从欧几里得以来人们就有了的一种看法，只是大家都没把它说清楚罢了。

什么看法呢？

这就是直线的连续性。在直线上取定一个原点，一个单位长，一个正方向，直线就变成了数轴。直线是连续的，直线上面每个点可以表示一个实数，所以实数也是可连续变化的。

但是，究竟什么叫做“连续”，又不容易说清楚了。

形象地说，连续，就是没有缝隙，就是天衣无缝。如果再问什么叫天衣无缝，那该怎么回答呢？

让我们动脑又动手吧。给你一把最最锋利的刀，你用尽全身力气，在这根天衣无缝的数直线上砍一刀，把它斩成两截，会发生什么呢？

因为直线是天衣无缝的，这一刀一定砍在某个点上，或者说，砍中了一个实数。否则，岂不是有缝隙了？

如图 7-1，假定从点 A 的位置把直线砍断，这个点 A 到什么地方了呢？在左半截上，还是右半截上？

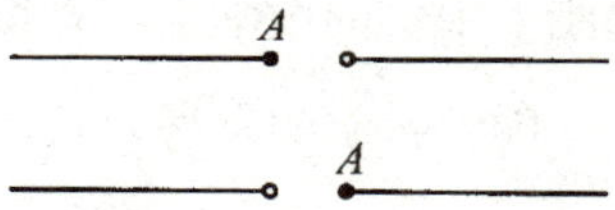

图 7-1

不在左边，就在右边！反正不会两边都有，也不会两边都没有；因为点不可分割，也不会消失掉！

这是想象，从想象中悟出一个道理来。所谓直线的连续性，就是这么一回事：不管把直线从什么地方砍断成两段，总有一段是带有端点的，也只有一段是带有端点的！

实数系统的连续性，也就可以依样画葫芦了：

“如果把全体实数分成甲、乙两个数集合（每个集合都不空），而且甲集里的任一个数 x 比乙集里的任一个数 y 都小，那么，要么甲集里有个最大数，要么乙集里有个最小数，二者必居其一，且仅居其一。这就叫做实数系统的连续性。”

连续性的含义，这样就清楚了。

按这个标准检查有理数系，会怎么样呢？

我们很容易发现，有理数系不满足这个标准。比如，把所有负有理数和平方不超过 2 的正有理数放在一起组成甲集，把所有平方超过 2 的正有理数组成乙集，这时，甲集里没有最大的数，乙集里也没有最小的数。如果直线上只有有理数表示的点，刚才那一刀从甲、乙两集之间砍下去，可就砍了个空。这说明这个地方有个缝隙！那请谁把它填起来呢？我们的老朋友$\sqrt{2}$，正好可以填在这里。

这样把有理数分成甲、乙两部分，使乙中的数都比甲中的数大，这样一个分法叫做有理数的一个“分割”。

有时候，有理数的分割之处并无缝隙。比如，把所有负的有理数组成甲集，其余的组成乙集，这时乙集就有一个最小数——0。有理数 0 把这个位置已占住了，不需要请无理数来了。

可见，有理数的分割有两种：带缝隙的和不带缝隙的。带缝隙的，需要添个无理数填上它；不带缝隙的，有理数早已在这里填好了。

一句话，有理数的每个分割产生一个实数。

说得更严格一些：有理数的一个分割就叫做一个实数。带缝隙的分割叫无理数，不带缝隙的分割叫有理数。

实数的这种定义，是戴德金提出来的。几乎同时，魏尔斯特拉斯和康托尔分别提出了用有理数列来定义实数的方法①。方法尽管不同，但建立起来的实数系统本质上是一回事。

也许你觉得，把有理数的“分割”叫实数，有点怪，有点别扭。

确实别扭，当时就有数学家对戴德金这一套不以为然。连戴德金自己也反复说，分割产生数，但分割本身并不是数。后来，大家认为，分割产生数的说法不严密。什么叫产生？数的定义还没有，怎么产生？还是说“分割”就是实数才对。尽管别扭，一开始，大家听说地球是圆的，地球绕太阳转，不也觉得别扭吗？

---

① 魏尔斯特拉斯用递增有界的有理数列来定义实数。康托尔用有理数的“基本序列”来定义实数，说 a_1，a_2，…，a_n 是基本序列，如果对任给的 $\varepsilon>0$，可以找到 n_0 当 n、$m>n_0$ 时，$|a_n-a_m|<\varepsilon$。

当时也有人提出，说无限不循环小数就是无理数，循环小数就是有理数。这样也对，也可以建立起同样性质的实数系统。

说实数是无限小数也罢，是有理数的分割也罢，是有理数的某种序列也罢，都是先承认了自然数、整数、有理数，在这个基础上才建立起实数系统。这样建立实数理论，叫做“实数的构造理论”。

后来，大数学家希尔伯特认为，这样来定义实数太麻烦了，干脆举出一些实数系统应当满足的基本条件，叫做实数公理。实数，就是符合这些公理的一些东西，岂不方便？

实数应当满足哪些公理呢？他提出了 4 组共 18 条公理，大致的意思是：

1. 算术封闭性：在实数之间，加、减、乘、除可以通行无阻（除数不能是 0）。四则运算的结果仍是实数。

2. 运算规律：实数之间的加法和乘法，有交换律、结合律，乘法对加法的分配律。

3. 实数之间可以比大小：两个实数 a，b 如不相等，不是 $a>b$，就是 $b>a$。这些大小关系符合一些要求，就是我们学过的不等式基本性质（若 $a>b$，$b>c$，则 $a>c$；以及不等式两端可以同加一实数，同乘一正数）。

4. 连续性，其中包括两点：

（1）a，b 是两个正数。不管 a 多么小，b 多么大，可以把 a 自己反复相加多次，使 $a+a+\cdots+a>b$。这叫做实数的阿基米德性质。

（2）把全体实数分成甲、乙两个非空的集合，而且乙集合里的数都比甲集合里的数大，则甲集合有最大数或乙集合有最小数，这叫做实数的完备性。

这样列出几条简单公理，在公理的基础上来展开研究，确实方便得多；近代不少教科书，讲实数就从这些公理说起，不扯老账。

这么多公理中，只有最后一条——完备性，才表现出实数系统的独特风格。不信你一条条对照，有理数系统满足其他每一条，就是不满足这一条！

在代数理论中，把满足 1，2 的数系，叫数域；再满足了 3，就叫有序域；再满足了 4 之（1），叫阿基米德域；都满足了，就是完备的阿基米德域。完备的阿基米德域只有实数系统，真是独此一家，别无分店！

建立了实数的理论，许多本来说不清的事都可以说清楚了。这里举几个例子：

（1）$\sqrt{2}$是什么，终于可以说清楚了。它可以用有理数的带缝隙的分割来刻画，可以用递增有界的有理数列来刻画，也可以用无限小数来刻画，也可以从实数公理出发证明方程式 $x^2=2$ 有唯一正根$\sqrt{2}$来说明。总之，它是一个完全有根有据的实数了！

（2）长期以来，大家用圆的内接正多边形面积（或外切正多边形面积）来逼近圆面积。大家相信，当正多边形的边数无限增大时，就得到了圆面积。根据是什么呢？为什么这个"极限"一定存在呢？根据就是"递增有界数列必有极限"。可这条定理老是证不出来。原因在于，我们认为这个极限是个实数，而实数是什么却不知道！把实数说清楚了，这个定理很快就证出来了。

（3）我们认为方程式 $x^5+2x+1=0$ 在 -1 到 1 之间一定有实根。为什么呢？因为 -1 代进去，等式右边得 $-2<0$，$x=1$ 代进去得 $4>0$，让 x 一点点连续变化，x^5+2x+1 也只能一点点连续变化。它从 -2 变到 4，中间一定经过 0。像函数 $f(x)=x^5+2x+1$ 的这种性质，叫做"连续函数的中间值定理"。数学家们长期以来证不出这个定理。有了严密的实数理论之后，很快就把这个问题解决了。

实数理论的建立，当时有的数学家反对，但多数是欢迎的。它把很多糊涂的东西说清楚了。

可是，这样一来，本来以为已经清楚了的东西，像自然数、有理数，对比之下，大家发现并没有弄得十分清楚，反而显得糊涂了。问题发现了，就好办了，戴德金等人的实数理论发表不久，自然数、有理数的严密理论也出现了。数系的大厦是从上到下完工的，这是一个十分有趣的现象！

练习题七

1. 每个实数都用一个无穷小数表示。a_n 是递增有界的实数列：$a_1 \leqslant a_2 \leqslant a_3 \leqslant \cdots \leqslant a_n \leqslant a_{n+1} \leqslant A$。求证：在一切大于等于所有 a_n 的数中，必有一个最小的。

2. 一切形如$\frac{m}{n}+\frac{q}{p}\sqrt{2}$的数，能不能组成数域？是不是阿基米德域？（$m$，$n$，$q$，$p$ 是整数，$np \neq 0$）

3. 平面上有一个凸多边形和一条直线 l，是否一定有一条和 l 平行的直线，把这个凸多边形分成面积相等的两块？

4. 桌子上有两块蛋糕，能不能一刀把它们同时切成相等的两块？（刀够长，又是平直的）

第八章
无穷小之谜

一尺之棰，日取其半，万世不竭。

——庄子

“无穷小”和“极限”的思想，无论是中国还是外国，很早以前就有人涉及过。

2000 多年前，在中国古代文化名著《庄子》里，就曾经迸发出极限思想的火花。《庄子》中说：“一尺之棰，日取其半，万世不竭。”一根一尺长的木棍，每天将其对分，可以永远继续下去；木棍的长度会不断缩短，会无限接近于 0，但永远不会等于 0，0 是它的极限。

在古希腊，有“勇士追不上乌龟”的奇谈。

这些极限思想尽管非常朴素，但帮助当时的人们解决了一些求积的问题。如曲线包围的面积，是靠把它分割成无穷多的三角形或矩形才计算出来的。其中最有名的例子是圆面积的计算和抛物线弓形面积的计算。

后来，人们在认识无穷小和极限的过程中发现，利用它们能解决很多问题。许多无理数，像$\sqrt{2}$，π，它们的计算只能用有理数一步一步逼近，也就是通过极限过程才能掌握。

牛顿和莱布尼茨创立微积分，用崭新的数学方法解决了一大批物理学和几何学上的问题。这中间，无穷小量是立了汗马功劳的。

但是，直到牛顿死后200多年，数学家才揭开无穷小量的真面目，弄明白了极限过程的来龙去脉。

一说起极限，说起无穷小，有的同学就会产生一种不可捉摸的感觉，好像是平原上远处的地平线，可望而不可即。不像证平面几何题、解一次代数方程式那样，有根有据，放心大胆。这并不奇怪，微积分建立初期，许多数学家也有这种感觉。

现在，关于无穷小和极限，完全可以讲得清清楚楚、毫不含糊了。

让我们来试一试。

你已经知道什么叫无穷数列了吧。无穷数列就是排好了顺序的一串数：a_1，a_2，a_3，…，a_n，a_{n+1}，…对应于每个自然数 n，有一个实数 a_n，a_n 叫做数列的第 n 项。

如果有一个正数 A，它比每个 $|a_n|$ 都大，就说数列 $\{a_n\}$ 有界；否则，就说它无界。

例如，数列

$$1，0，1，0，1，0，1，\cdots$$

$$\sin 1，\sin 2，\sin 3，\sin 4，\cdots，\sin n，\cdots$$

都是有界的。而

$$1，2，3，\cdots，n，n+1，\cdots$$

$$\sqrt{1}，0，\sqrt{2}，0，\sqrt{3}，0，\cdots，\sqrt{n}，0，\cdots$$

$$-1，1，-2，2，-3，3，\cdots，-n，n，\cdots$$

都是无界的。

如果数列中的数一个比一个大，或至少相等，就说它是递增的。也就是说，满足 $a_1 \leqslant a_2 \leqslant a_3 \leqslant \cdots \leqslant a_n \leqslant a_{n+1} \leqslant \cdots$ 的数列，叫做递增的。例如，$a_n=n$，或 $a_n=1-\frac{1}{n}$，都是递增的。

有界与无界，是不是递增，这些概念都是清晰的。理解了这一点，接下去我们就要定义什么是无穷小列了：

[定义 1]　设 $\{\alpha_n\}$ 是无穷数列①。如果有一个递增而无界的正数列 L_n，使 $|\alpha_n|\leqslant\frac{1}{L_n}$，就称 $\{\alpha_n\}$ 是无穷小列。

这个定义是毫不含糊的，用它可以直接验证一些数列是不是无穷小列。

[例 1]　已知 $\alpha_n=\frac{(-1)^{n+1}}{n}$，证明数列 $\{\alpha_n\}$ 是无穷小列。

证明　因为可取 $L_n=n$，$\{L_n\}$ 是递增无界的。而

$$\left|\frac{(-1)^{n+1}}{n}\right|\leqslant\frac{1}{n}=\frac{1}{L_n}。$$

由定义 1 可知，$\{\alpha_n\}$ 是无穷小列。

[例 2]　求证：数列 $\{q^n\}$，当 $|q|<1$ 时是无穷小列。

证明　因为 $|q|<1$，所以 $\frac{1}{|q|}>1$，$\frac{1}{|q|}-1=a>0$。取 $L_n=na$，则 $\{L_n\}$ 是递增无界的，而

$$|q^n|=\frac{1}{(1+a)^n}\leqslant\frac{1}{1+na}<\frac{1}{na}=\frac{1}{L_n}。②$$

由定义 1 可知，当 $|q|<1$ 时 $\{q^n\}$ 是无穷小列。

[例 3]　求证：数列 $\{a_n\}$：1，0，$\frac{1}{2}$，0，$\frac{1}{4}$，0，$\frac{1}{8}$，0，…，$\frac{1}{2^n}$，0，…是无穷小列。

证明　取 $\{L_n\}$：

$$1，1，2，2，4，4，8，8，…，2^n，2^n，…$$

$\{L_n\}$ 显然是递增无界的。易验证 $|\alpha_n|\leqslant\frac{1}{L_n}$。证毕。

---

① 用 $\{\alpha_n\}$ 表示整个数列，α_n 表示它的第 n 项。

② 这里用到了 $(1+a)^n\geqslant1+na$，可用二项式展开公式证明，也可以对 n 用数学归纳法来直接证明。

［例 4］　取 $\alpha_n=\sqrt[n]{100}-1$，证明 $\{\alpha_n\}$ 是无穷小列。

证明　由于 $\sqrt[n]{100}>1$，所以

$$1<(1+\alpha_n)=\sqrt[n]{100},$$

$$1<(1+\alpha_n)^n=100,$$

$$1<1+n\alpha_n\leqslant(1+\alpha_n)^n=100,$$

∴
$$|\alpha_n|\leqslant\frac{99}{n}。$$

于是，只要取 $L_n=\frac{n}{99}$，显然 $\{L_n\}$ 是递增无界的。易验证 $|\alpha_n|\leqslant\frac{1}{L_n}$。证毕。

应用这个定义，还可以方便地证明关于无穷小列运算的一系列性质。

无穷小列的性质：

（1）若 $\{\alpha_n\}$ 是无穷小列，改变 $\{\alpha_n\}$ 中的某有限项之后，它仍是无穷小列。

（2）若 $\{\alpha_n\}$、$\{\beta_n\}$ 都是无穷小列，$\{\alpha_n+\beta_n\}$，$\{\alpha_n-\beta_n\}$ 也是无穷小列。

（3）若 $\{\alpha_n\}$ 是无穷小列，$\{A_n\}$ 是有界数列，则 $\{\alpha_nA_n\}$ 也是无穷小列。

（4）若 $\{\alpha_n\}$ 是无穷小列，$|\beta_n|\leqslant|\alpha_n|$，则 $\{\beta_n\}$ 也是无穷小列。

（5）若 $\{\alpha_n\}$ 是无穷小列，从 $\{\alpha_n\}$ 中取出无穷多的一部分，按原来次序排成的数列（这叫做 $\{\alpha_n\}$ 的子列）也是无穷小列。

（6）把 $\{\alpha_n\}$ 的次序打乱重排得到数列 $\{\beta_n\}$。若 $\{\alpha_n\}$ 是无穷小列，则 $\{\beta_n\}$ 也是无穷小列。

（7）若 $\{\alpha_n\}$ 的各项相等，$\{\alpha_n\}$ 是无穷小列，则必有

$$\alpha_1=\alpha_2=\cdots=\alpha_n=\cdots=0。$$

（8）无穷小列是有界列。

这些性质证起来都不难，作为练习题，请读者自己证明。

有了无穷小列的概念，数列极限的概念就容易建立了。

［定义 2］　a 是一个实数，$\{\alpha_n\}$ 是无穷小列，若 $a_n=a+\alpha_n$，则 $\{a_n\}$ 叫做以 a 为极限的数列，记作 $\lim\limits_{n\to+\infty}a_n=a$。

你看，有极限的数列不是别的，不过是常数列再加上个无穷小列而已！也就是说，如果 $\{a_n-a\}$ 是无穷小列，那么 $\{a_n\}$ 的极限就是 a。

利用这个定义，能够求一些简单的极限。

［例 5］ 求数列$\left\{\frac{n}{n+1}\right\}$的极限。

解
$$\frac{n}{n+1}=\frac{n+1-1}{n+1}=1+\left(-\frac{1}{n+1}\right),$$

因为$-\frac{1}{n+1}$是无穷小列，所以

$$\lim_{n\to+\infty}\frac{n}{n+1}=1。$$

［例 6］ 求数列$\left\{\frac{2n^2+5n+4}{n^2+1}\right\}$的极限。

解 $\frac{2n^2+5n+4}{n^2+1}=2+\frac{5n+2}{n^2+1}$,

因为$\left|\frac{5n+2}{n^2+1}\right|\leqslant\left|\frac{5n+2n}{n^2}\right|=\frac{7}{n}$，而$\frac{7}{n}$是无穷小列，那么$\left\{\frac{5n+2}{n^2+1}\right\}$是无穷小列，所以

$$\lim_{n\to+\infty}\frac{2n^2+5n+4}{n^2+1}=2。$$

［例 7］ 求数列$\left\{\frac{2^n+n^2}{2^n}\right\}$的极限。

解
$$\frac{2^n+n^2}{2^n}=1+\frac{n^2}{2^n}。$$

我们来分析一下，看看$\left\{\frac{n^2}{2^n}\right\}$是不是无穷小列。根据二项式定理

$$2^n=(1+1)^n=1+n+\frac{n(n-1)}{2}+\frac{n(n-1)(n-2)}{6}+\cdots\geqslant\frac{n^3}{27}。$$

(这个不等式是这样证的：当 $n=1$，2，3 时，右端不大于 1，当然对。当 $n\geqslant4$ 时，$(n-1)(n-2)\geqslant\frac{n^2}{4}$，故$\frac{n(n-1)(n-2)}{6}\geqslant\frac{n^3}{24}>\frac{n^3}{27}$。)

这样就有

$$\left|\frac{n^2}{2^n}\right| \leqslant \frac{n^2}{\left(\frac{n^3}{27}\right)} = \frac{27}{n},$$

于是$\left\{\frac{n^2}{2^n}\right\}$是无穷小列，所以

$$\lim_{n\to+\infty} \frac{2^n+n^2}{2^n}=1。$$

［例 8］　求证 $\lim\limits_{n\to+\infty} \sqrt[n]{n}=1$。

分析　按定义，只要证明 $\{\sqrt[n]{n}-1\}$ 是无穷小列就可以了，我们用类似于例 4 的方法来证明。

证明　记$\sqrt[n]{n}-1=\alpha_n$，则

$$1\leqslant 1+\alpha_n=\sqrt[n]{n},$$

$$\therefore \quad 1\leqslant (1+\alpha_n)^n=n。$$

用二项式定理展开得

$$1\leqslant 1+n\alpha_n+\frac{n(n-1)}{2}\alpha_n^2\leqslant (1+\alpha_n)^n=n。$$

当 $n=1$ 时，$\alpha_n=0$；$n\geqslant 2$ 时，$(n-1)\geqslant\frac{n}{2}$。于是

$$\frac{n^2}{4}\alpha_n^2\leqslant n,$$

$$\therefore \quad |a_n|\leqslant\frac{2}{\sqrt{n}}。$$

因为$\frac{1}{2}\sqrt{n}$是递增无界的，所以 $\{\alpha_n\}$ 是无穷小列。证毕。

这样求极限，毕竟还有点麻烦。再建立一些关于数列极限的运算规律就方便得多了。利用无穷小列的性质和数列极限的定义，可以毫不费事地推出下列规律。

关于数列极限的运算规律：

(1) 若 $\{a_n\}$ 以 a 为极限，改变 $\{a_n\}$ 中的某有限项之后，它仍以 a 为极限。

（2）若 $\{a_n\}$，$\{b_n\}$ 分别以 a，b 为极限，则有 $\{a_n \pm b_n\}$ 以 $(a \pm b)$ 为极限，$\{a_n \cdot b_n\}$ 以 $a \cdot b$ 为极限。

$$\lim_{n\to+\infty}(a_n \pm b_n) = \lim_{n\to+\infty} a_n \pm \lim_{n\to+\infty} b_n = a \pm b;$$

$$\lim_{n\to+\infty}(a_n b_n) = (\lim_{n\to+\infty} a_n)(\lim_{n\to+\infty} b_n) = a \cdot b。$$

（3）若 $\{a_n\}$ 以 a 为极限，$a \neq 0$，则 $\left\{\frac{1}{a_n}\right\}$ 以 $\frac{1}{a}$ 为极限。

（4）若 $\{a_n\}$，$\{b_n\}$ 都以 a 为极限，$a_n \leqslant c_n \leqslant b_n$ 对一切 n 成立，则 $\{c_n\}$ 也以 a 为极限。

（5）若 $\{a_n\}$ 以 a 为极限，则 $\{a_n\}$ 的无穷子列也以 a 为极限。

（6）若 $\{a_n\}$ 以 a 为极限，把 $\{a_n\}$ 打乱重排后得到 $\{b_n\}$，则 $\{b_n\}$ 也以 a 为极限。

（7）若 $\{a_n\}$ 以 a 为极限，又以 b 为极限，则有 $a=b$。

（8）有极限的数列是有界列。

这些性质的证明，留作练习题。

利用以上性质，求极限就方便多了。

[例 9] 求数列 $\{\sqrt[n]{n^2}\}$ 的极限。

分析 在例 8 中我们求出了 $\{\sqrt[n]{n}\}$ 的极限为 1。是不是可以用类似方法求 $\{\sqrt[n]{n^2}\}$ 的极限呢？当然也可以，只要利用二项式定理展开到第 4 项就可以了。但用不着那样麻烦，利用极限运算性质（2），就可得到

$$\lim_{n\to+\infty}\sqrt[n]{n^2} = (\lim_{n\to+\infty}\sqrt[n]{n})(\lim_{n\to+\infty}\sqrt[n]{n}) = 1\times1=1。$$

用类似的方法，可以证明 $\lim_{n\to+\infty}\sqrt[n]{n^k}=1$。这里 k 是任意实数。

[例 10] 求证

$$\lim_{n\to+\infty}\sqrt[n]{1+\sin\frac{\pi}{3}+\sin\frac{\pi}{4}+\cdots+\sin\frac{\pi}{n}}=1。$$

证明 因为

$$1 \leqslant \sqrt[n]{1+\sin\frac{\pi}{3}+\sin\frac{\pi}{4}+\cdots+\sin\frac{\pi}{n}} \leqslant \sqrt[n]{n}。$$

把 1 看成常数列 1，1，1，…利用极限运算性质（4），可知

$$\begin{aligned}1 &= \lim_{n\to+\infty} 1 \\ &\leqslant \lim_{n\to+\infty} \sqrt[n]{1+\sin\frac{\pi}{3}+\sin\frac{\pi}{4}+\cdots+\sin\frac{\pi}{n}} \\ &\leqslant \lim_{n\to+\infty} \sqrt[n]{n}=1。\end{aligned}$$

求极限，还有不少巧妙的方法，如利用数列各项之间的递推关系，先证明极限满足一个方程式，再把它解出来。

［例 11］　已知

$$a_1=\sqrt{2}\ ,\ a_2=\sqrt{2+\sqrt{2}}\ ,$$

$$a_3=\sqrt{2+\sqrt{2+\sqrt{2}}}\ ,\ a_{n+1}=\sqrt{2+a_n}\ ,\ \cdots$$

求数列 $\{a_n\}$ 的极限。

解　因为 a_n 和 a_{n+1} 之间有关系

$$a_{n+1}^2=2+a_n,$$

如果 $\{a_n\}$ 有极限 a，根据极限的运算性质（2），可得

$$(\lim_{n\to+\infty} a_{n+1})^2=2+\lim_{n\to+\infty} a_n。$$

但 $\{a_{n+1}\}$ 和 $\{a_n\}$ 的极限是一样的，都是 a，所以

$$a^2=a+2,$$

解出 $a=2$ 或 -1。$a=-1$ 不合理，所以如果 $\{a_n\}$ 有极限，必定以 2 为极限。

［例 12］　设

$$a_1=1,\ a_2=1+\frac{1}{2},\ a_3=1+\frac{1}{2+\frac{1}{2}},\ \cdots$$

$$a_{n+1}=1+\frac{1}{1+a_n},\ \cdots$$

求 $\{a_n\}$ 的极限。

解　类似上题的方法可知，如果 $\{a_n\}$ 有极限 a，那么

$$a=1+\frac{1}{1+a}\ ,$$

解出正根 $a=\sqrt{2}$。所以如果 $\{a_n\}$ 有极限，必定以$\sqrt{2}$为极限。

这两个题，都要先假定 $\{a_n\}$ 的极限存在，否则就不能应用极限的运算性质。那么，这两个极限是不是存在呢？确实是存在的。利用一个重要的基本定理——递增（减）有界数列必有极限——可以证明上述两个极限的存在。这个基本定理，可以利用实数的构造性定义来证明（定义实数是有理数的分割，或是无穷小数，等等），也可以利用实数公理证明，也可以干脆把它作为一条实数公理，用它代换上一章所说的最后一条“完备公理”。

有的同学觉得，没有必要先证明上述两例极限的存在。如果把它们的极限求出来，不就说明极限存在吗？请看下例。

［例 13］ 设

$a_1=1$，$a_2=1+2=3$，$a_3=1+2\times 3=7$，

$a_4=1+2\times 7=15$，…，$a_{n+1}=1+2a_n$，

求 $\{a_n\}$ 的极限。

解 设 $\{a_n\}$ 的极限为 a，利用

$$a_{n+1}=1+2a_n,$$

两端取极限，得 $a=1+2a$，所以 $a=-1$。

这当然错了！错的原因，是毫无根据地假定了极限的存在。

练习题八

1. 从本章的定义出发，证明无穷小列的那些基本性质。

2. 利用无穷小列的性质，推出数列极限的运算规律。

3. 你能利用实数公理来证明“递增有界数列必有极限”这个命题吗？

4. 求证：数列

$$\frac{1}{1},\ \frac{1}{2},\ \frac{2}{3},\ \frac{3}{5},\ \frac{5}{8},\ \cdots,\ \frac{P_{n-1}}{P_n},\ \frac{P_n}{P_{n+1}},\ \cdots$$

$$(P_{n+1}=P_n+P_{n-1})$$

的极限是方程式 $x^2+x=1$ 的正根，即 0.618…

5. 证明例 11 中 $\{a_n\}$ 的极限存在。

6. 求证：若 $\{a_n\}$，$\{b_n\}$ 都以 a 为极限，把两列数排成一列之后，新数列的极限仍是 a。

7. 证明例 12 中 $\{a_n\}$ 的极限存在。

8. 求证：数列 $\{\alpha_n\}$ 是无穷小列的充分必要条件是：任意给一个正数 ε，在 $\{\alpha_n\}$ 中只有有限项的绝对值大于 ε。也就是说，只有有限个号码 n_1，n_2，…，n_k，使

$$|\alpha_{n_i}|>\varepsilon\ (i=1,\ 2,\ \cdots,\ k)。$$

第九章

π 和 e

这是两个在数学中极为重要的无理数。π 几乎跟$\sqrt{2}$一样古老，e 却很年轻。它们两个是近亲，又都是$\sqrt{2}$的远亲。

木工师傅有两句从古流传下来的口诀，叫做“周三径一，方五斜七”。意思是说，直径为 1 的圆，周长大约是 3；边长为 5 的正方形，对角线之长约为 7。

这是人们对圆周率 π 和$\sqrt{2}$这两个无理数的粗略估计。这两个无理数，一个来自“圆”，一个来自“方”，但不能相提并论。

$\sqrt{\pi}$比$\sqrt{2}$的用处要多得多，不但有关圆的计算少不了它，有关角度和弧长的测量和计算也常常与它有关。自有人类文化以来，各国的工程师、工匠都要用到它，都想知道它的准确值。为了求出 π 的更准确的近似值，一代又一代的数学家献出了智慧和劳动。

π 比$\sqrt{2}$难算得多。2000 多年前，人类已经能把$\sqrt{2}$算得相当精确①。但把 π 从

① 公元前 100 年的海伦，已经掌握了我们在第三章中介绍的方法。用这个方法可轻易地求出$\sqrt{2}$的十几位小数。

两位小数 3.14 推进到 3.1416，就用了 500 多年。（$\frac{22}{7}\approx3.14$ 是公元前 3 世纪阿基米德的成就，3.1416 是三国时期我国数学家刘徽的贡献。）从 3.1416 到祖冲之的

$$3.1415926<\pi<3.1415927,$$

中间又过了 200 多年。和欧洲比起来，中国的这个过程算是够快的呢！欧洲是过了 1000 多年，才有人赶上祖冲之！

前面提到过，祖冲之建议用$\frac{355}{113}$来近似地代替 π，这更了不起。因为，当分母不超过 16000 时，没有比它更好的近似分数了。

$\sqrt{2}$一被发现，人们就知道它是无理数。可 π 的脾气，让人难以捉摸。要知道，公元前 1650 年，埃及人已经用$\left(\frac{16}{9}\right)^2\approx3.16$ 来作为 π 的近似值了。可直到 1761 年，人类和它打了 3000 多年交道后，才知道 π 是无理数。π 和$\sqrt{2}$也有很多相似的地方。

$\sqrt{2}$是正方形对角线长与边长之比，不管是大正方形还是小正方形，这个比都是一样的，都是$\sqrt{2}$，这容易证明。

π 是圆的周长与直径之比。不管大圆小圆，这个比都是一样的，都是 π（要证明这一点，就得用极限概念了）。

$\sqrt{2}$不能用分数准确地表示，π 也是如此（只是长期以来，人们不知道罢了）。

对 π 的理解，还多了一层困难。对角线是直的，人们理所当然地认为对角线应当有确定的长度；尽管古代有不承认$\sqrt{2}$是数的数学家。

可是，圆周可不是由直线段凑成的。什么叫做圆周长，这本身就是一个问题！

古代的工匠和建筑师们不觉得这是个问题。在生产实践中用到圆周长时，他们一开始大概是用绳子来测量，经验多了，就发现了规律：不管圆大圆小，周长与直径之比是相等的。道理何在呢？

从希腊的阿基米德到中国的刘徽，不约而同地用圆的内接（和外切）正多边形的周长来逼近圆的周长。阿基米德用到正96边形，刘徽用到圆内接正192边形，以至正3072边形。他们没有给圆周长下定义，但从他们的做法上可以看出：他们认为，圆周长就是圆的内接（外切）正 n 边形周长（当 $n\to+\infty$ 时）的极限。这个看法是从实践中得来，经过实践检验的。现代数学就把它正式作为圆周长的定义。定义对不对，好不好，不能证明，只能靠实践检验。这个定义，是经过几千年实践检验了的。

按照这个定义，容易证明这两条：

（1）对于给定直径的圆，外切正 n 边形和内接正 n 边形的周长，当 $n\to+\infty$ 时，有相同的极限。

（2）这个极限和圆的直径之比，是一个和直径大小无关的常数。

设内接正 n 边形周长为 s_n，外切正 n 边形周长为 l_n，怎样证明 $\lim\limits_{n\to+\infty} s_n$ 和 $\lim\limits_{n\to+\infty} l_n$ 存在而且相等呢？这又需要我们前面说过的实数基本性质——递增有界数列必有极限。

为了证明 s_n 递增有界（l_n 递减有界），还要用到一些几何知识，例如“三角形两边之和大于第三边”。为了证明两个极限相等以及（2），还要用到一些极限运算规律。

总之，要把 π 的来历说清楚，没有实数理论、没有极限概念是不行的。

要把 π 的值算得更准，还要靠数学和科学技术的发展。靠计算正 n 边形周长，是很花时间的。祖冲之的成就 $\pi\approx\frac{355}{113}$，要算到24576边的正多边形才行！不知当时他到底是怎么算出来的！

后来，数学家发现 π 可以用无穷乘积或无穷级数表示，也就是用数列的极限表示。例如，韦达公式

$$\pi=2\cdot\frac{2}{\sqrt{2}}\cdot\frac{2}{\sqrt{2+\sqrt{2}}}\cdot\frac{2}{\sqrt{2+\sqrt{2+\sqrt{2}}}}\cdot\cdots\cdot\frac{2}{\sqrt{2+\sqrt{2+\cdots+\sqrt{2}}}}\cdots,$$

瓦里斯公式

$$\frac{\pi}{2}=\frac{2}{1}\cdot\frac{2}{3}\cdot\frac{4}{3}\cdot\frac{4}{5}\cdot\frac{6}{5}\cdot\frac{6}{7}\cdot\frac{8}{7}\cdot\frac{8}{9}\cdots,$$

莱布尼茨公式

$$\frac{\pi}{4}=1-\frac{1}{3}+\frac{1}{5}-\frac{1}{7}+\frac{1}{9}-\cdots+\frac{(-1)^{n-1}}{2n-1}+\cdots$$

等，但这些公式计算起来也并不快。更实用的办法是，利用反正切函数来表示 π。例如马青公式

$$\pi=16\arctan\frac{1}{5}-4\arctan\frac{1}{239},$$

斯图模公式

$$\pi=24\arctan\frac{1}{8}+8\arctan\frac{1}{57}+4\arctan\frac{1}{239}$$

等。公式里的反正切函数，可以用级数来计算，

$$\arctan x=x-\frac{x^3}{3}+\frac{x^5}{5}-\frac{x^7}{7}+\cdots+(-1)^{n-1}\frac{x^{2n-1}}{2n-1}+\cdots \quad (-1<x\leqslant 1)$$

利用这些公式和计算机，可将 π 的近似值算到小数点后成百上千位。

祖冲之的纪录，首先被中亚细亚的阿尔·卡西打破，他在 1427 年算到小数点后 16 位。后来，德国的鲁道夫算到 35 位。1706 年，英国的梅钦算到 101 位。

1873 年，英国人香克斯算到 707 位！他花了近 20 年的时间干这件事，还让人把这 707 位小数的 π 值刻在他的墓碑上。可惜，从 528 位之后，他就算错了，而在他之前已有人算到 500 位。这样，近 20 年的光阴就一笔勾销了。

把 π 的数值算得这么精确，实际意义并不大。现代科技领域使用的 π 值，有十几位就足够了。如果你用鲁道夫的 35 位小数的 π 值，计算一个能把太阳系包围起来的圆的周长，误差还不到质子直径的百万分之一。

1882 年，德国的林德曼证明了 π 不是任何一个整系数代数方程式的根，即 π 是超越数。这就证明了：用圆规、直尺画一个和直径为 1 的圆面积相等的正方形是办不到的，解决了 2000 多年前提出来的三大几何作图难题之一。

现在有了电子计算机，计算 π 值容易多了。1949 年超过 2000 位，1958 年超

过 1 万位，1973 年超过百万位，这是两位法国女数学家的成绩。1983 年，两位日本科研人员已把 π 算到了 800 万位以上。

回顾历史，人类对 π 的认识过程，反映了数学和计算技术发展的一个侧面。

π 是$\sqrt{2}$的远亲。尽管两个都是无理数，但$\sqrt{2}$是二次方程式 $x^2-2=0$ 的根，而 π 不是任何整系数代数方程式的根，这个差别是很大的。

π 有一个近亲，就是自然对数的底 e。e＝2.71828…也是无理数。说 e 和 π 是近亲，有两层意思：

第一，e 也是超越数；

第二，e 和 π 之间有着奇妙的联系，那就是：

$$e^{i\pi}=-1。(i^2=-1)$$

这个等式的证明其实不太难，在学过复数之后，再有一些微积分知识就能证明了。

现在，我们从另一个地方谈起。由于 e 这个数和许多自然现象、社会现象有联系，可以从许多不同的话题扯上去。

你一定洗过衣服，就从洗衣服谈起吧。

要洗一件衣服，先要用少许水和洗涤剂，把衣服充分浸泡、揉搓，使污物充分溶解或悬浮于水中，再把衣服拧一下。由于水不能拧得干干净净，衣服上仍带有含污物的水。设衣服上残存污物为 m_0（克）（包括洗涤剂），残存水量为 w（斤）。我们还有一桶清水，共 A（斤）。

怎样合理地运用这 A 斤清水，尽可能把衣服洗干净呢？

假设我们把这 A 斤水分成 n 次使用，每次用量分别为 a_1，a_2，a_3，…，a_n（斤），经过 n 次洗涤，衣服上还剩多少污物？

第一次，把带有 m_0 克污物和 w 斤水的衣服放到 a_1 斤水中，经过充分搓洗，这 m_0 克污物溶于（$w+a_1$）斤的水中。

当把污水倒掉，把衣服拧干时，衣服上还残留多少污物呢？由于 m_0 克污物均匀分布于（$w+a_1$）斤水中，所以

$$\frac{\text{衣服上尚存污物量}\ m_1}{\text{原来残存污物量}\ m_0}=\frac{\text{拧“干”后残存水是}\ w}{w+a_1},$$

就是

$$m_1=m_0\cdot\frac{w}{w+a_1}=\frac{m_0}{\left(1+\dfrac{a_1}{w}\right)}。$$

通过类似的分析可知，第二次洗涤后衣服上残存的污物量为

$$m_2=\frac{m_1}{\left(1+\dfrac{a_2}{w}\right)}=\frac{m_0}{\left(1+\dfrac{a_1}{w}\right)\left(1+\dfrac{a_2}{w}\right)},$$

而 n 次洗涤后衣服上残存污物量为

$$m_n=\frac{m_0}{\left(1+\dfrac{a_1}{w}\right)\left(1+\dfrac{a_2}{w}\right)\cdots\left(1+\dfrac{a_n}{w}\right)}。\tag{1}$$

通过分析，得到了公式（1）。这叫做把实际问题转化为数学问题，也可叫做建立“数学模型”。

现在，要讨论的数学问题是：

（1）对固定的 n，如何选取 a_1，a_2，…，a_n，才能使 m_n 最小？

（2）当 n 增大时，m_n 的最小值是变大还是变小？（或按别的什么规律变化？）

从公式（1）可以看出，想要 m_n 最小，便要乘积

$$\left(1+\frac{a_1}{w}\right)\left(1+\frac{a_2}{w}\right)\cdots\left(1+\frac{a_n}{w}\right)$$

最大，条件是 $a_1+a_2+\cdots+a_n=A$。由于

$$\left(1+\frac{a_1}{w}\right)+\left(1+\frac{a_2}{w}\right)+\cdots+\left(1+\frac{a_n}{w}\right)=n+\frac{A}{w},$$

当 n 固定时，$n+\dfrac{A}{w}$ 也固定。于是，问题转化为，已知 n 个正数 $1+\dfrac{a_1}{w}$，$1+\dfrac{a_2}{w}$，…，$1+\dfrac{a_n}{w}$ 之和为定数 $S=n+\dfrac{A}{w}$，这 n 个数的乘积在什么时候最大？

我们利用一个“平均不等式”，就是说，任意 n 个正数 c_1，c_2，c_3，…，c_n 的几何平均值不超过它们的算术平均值，即

$$\sqrt[n]{c_1 c_2 \cdots c_n} \leqslant \frac{1}{n}(c_1 + c_2 + \cdots + c_n),$$

这样必然有

$$\left(1+\frac{a_1}{w}\right)\left(1+\frac{a_2}{w}\right)\cdots\left(1+\frac{a_n}{w}\right) \leqslant \left[\frac{n+\frac{A}{w}}{n}\right]^n = \left(1+\frac{A}{nw}\right)^n。$$

也就是说，每次用水量相等时，可以使残存的污物量最少。这就解决了刚才提出的第一个数学问题。

现在来看，把同样多的水分成 $n+1$ 次洗，效果是不是更好一些呢？对 $n+1$ 个正数 c_1，c_2，…，c_{n+1} 用平均不等式，这里，$c_1 = c_2 = \cdots = c_n = \left(1+\frac{A}{nw}\right)$，$c_{n+1} = 1$，得

$$\left(1+\frac{A}{nw}\right)^n \cdot 1 < \left[\frac{n\left(1+\frac{A}{nw}\right)+1}{n+1}\right]^{n+1} = \left[1+\frac{A}{(n+1)\ w}\right]^{n+1}。 \tag{2}$$

可见，把水分成 $n+1$ 次洗，要比分成 n 次洗好。也就是说，数列 $\left\{S_n = \left(1+\frac{A}{nw}\right)^n\right\}$ 是递增的。

那么，在水量一定的情形下，是不是只要洗的次数足够多，就可以使残留的污物要怎样少就怎样少呢？也就是说，数列 $\left(1+\frac{A}{nw}\right)^n$ 会不会无限增大呢？

不会的。这仍然可以利用平均不等式来证明。根据刚才的推导方法，任意 $n+2$ 个正数 c_1，c_2，…，c_{n+2} 满足

$$c_1 c_2 \cdots c_{n+2} \leqslant \left(\frac{c_1 + c_2 + \cdots + c_{n+2}}{n+2}\right)^{n+2},$$

取 $c_1 = c_2 = \cdots = c_n = \frac{2n+2}{n}$，$c_{n+1} = c_{n+2} = 1$ 代入，即得

$$\left(\frac{2n+2}{n}\right)^n \leqslant \left[\frac{n \cdot \frac{2n+2}{n} + 2}{n+2}\right]^{n+2} = 2^{n+2},$$

即 $2^n\left(1+\frac{1}{n}\right)^n \leqslant 2^{n+2}$，从而得

$$\left(1+\frac{1}{n}\right)^n \leqslant 4。\qquad (3)$$

当 n 很大时，必能使$\frac{1}{k+1}\leqslant\frac{A}{nw}\leqslant\frac{1}{k}$成立，此时有

$$n\leqslant (k+1)\frac{A}{w},$$

从而可得

$$\left(1+\frac{A}{nw}\right)^n\leqslant\left(1+\frac{1}{k}\right)^n\leqslant\left[\left(1+\frac{1}{k}\right)^{k+1}\right]^{\frac{A}{w}}\leqslant 8^{\frac{A}{w}}。\qquad (4)$$

由此可见，数列$\left\{\left(1+\frac{A}{nw}\right)^n\right\}$是有界的。这说明当水量 A 一定、衣服拧干后含水量 w 一定时，不管把水分成多少次洗，总要剩下一定数量的污物在衣服上。从（3）式可以看出，如果 $w=A$，想使剩下的污物少于原来的$\frac{1}{4}$，是不可能的。

数列$\left\{\left(1+\frac{A}{nw}\right)^n\right\}$递增而有界，故必有极限。当 $A=w$ 时，极限

$$\lim_{n\to+\infty}\left(1+\frac{1}{n}\right)^n=2.71828\cdots \qquad (5)$$

这个极限便是 e。

由于当$\frac{1}{k+1}\leqslant\frac{A}{nw}\leqslant\frac{1}{k}$时，有不等式

$$\left[\left(1+\frac{1}{k+1}\right)^{k+1}\right]^{\frac{A}{w}}\cdot\left(1+\frac{1}{k+1}\right)^{-\frac{A}{w}}\leqslant\left(1+\frac{A}{nw}\right)^n\leqslant\left[\left(1+\frac{1}{k}\right)^{k}\right]^{\frac{A}{w}}\cdot\left(1+\frac{1}{k}\right)^{\frac{A}{w}},$$

两边的极限都是 $e^{\frac{A}{w}}$，所以

$$\lim_{n\to+\infty}\left(1+\frac{A}{nw}\right)^n=e^{\frac{A}{w}}。\qquad (6)$$

刚才我们从日常洗衣服谈起，最后找出了 e。另外，在计算利息，研究生物种群的增减，估计放射性元素的蜕变量，以及其他大量自然、社会现象的数学模型分析中，都经常会碰到这个 e。

e 虽然是用极限式（5）来定义的，但想用（5）式来计算 e，是很费事的。即使你耐心地计算到$\left(1+\frac{1}{100}\right)^{100}$，也只能得出 2.7051 和 2.71828…你看，这两

个数在第二位小数上就不同了。幸好，e还有一个级数表示法

$$e=1+\frac{1}{1!}+\frac{1}{2!}+\frac{1}{3!}+\cdots+\frac{1}{n!}+\cdots \tag{7}$$

用这个级数计算e要快得多。这里$n!=1\cdot 2\cdot 3\cdot\cdots\cdot n$。你不妨试一试，把

$$2+\frac{1}{2}+\frac{1}{6}+\frac{1}{24}+\frac{1}{120}+\frac{1}{720}$$

算出来，便得到e≈2.718，精确到万分之二了。

e不但计算起来比π容易，要证明e是无理数也比证明π是无理数容易得多。从（7）式出发，用一点关于级数或极限的知识，便能证明e是无理数。因为，由不等式

$$\frac{1}{(n+1)!}+\frac{1}{(n+2)!}+\cdots+\frac{1}{(n+m)!}$$

$$=\frac{1}{n!}\left(\frac{1}{n+1}+\frac{1}{(n+1)(n+2)}+\cdots+\frac{1}{(n+1)(n+2)\cdots(n+m)}\right)$$

$$\leqslant\frac{1}{n!}\left(\frac{1}{n+1}+\frac{1}{(n+1)^2}+\cdots+\frac{1}{(n+1)^m}\right)$$

$$\leqslant\frac{1}{n!}\cdot\left(\frac{1}{n}\right)。$$

也可以用

$$\frac{1}{n+1}+\frac{1}{(n+1)(n+2)}+\cdots+\frac{1}{(n+1)(n+2)\cdots(n+m)}$$

$$\leqslant\frac{1}{n+1}+\frac{1}{(n+1)(n+2)}+\frac{1}{(n+2)(n+3)}+\frac{1}{(n+3)(n+4)}+$$

$$\cdots+\frac{1}{(n+m-1)(n+m)}$$

$$=\frac{1}{n+1}+\left(\frac{1}{n+1}-\frac{1}{n+2}\right)+\left(\frac{1}{n+2}-\frac{1}{n+3}\right)+\cdots+\left(\frac{1}{n+m-1}-\frac{1}{n+m}\right)$$

$$\leqslant\frac{2}{n+1}。$$

让$m\to+\infty$时取极限，由（7）式得

$$e=2+\frac{1}{2!}+\frac{1}{3!}+\cdots+\frac{1}{n!}+\frac{1}{n!}\cdot\left(\frac{\theta}{n}\right)。\qquad (0<\theta\leqslant 1)$$

如果 $e=\frac{m}{n}$，上式两端乘以 $n!$，左边是整数，右边最后一项不是整数，这是一个矛盾，所以 e 不是有理数。

以 e 为底的对数叫自然对数，记作 $\ln x$。它的反函数是指数函数 e^x。这两个函数在高等数学中特别重要，在不同的科技领域中都要用到。如果 x 取复数值，又可以用 e^x 表示三角函数。可以说，初等函数几乎都和 e^x，$\ln x$ 有关系。用微积分知识可以证明

$$e^x=1+x+\frac{x^2}{2!}+\frac{x^3}{3!}+\cdots+\frac{x^n}{n!}+\cdots$$

如果把 x 换成 θi，这里 $i^2=-1$，便得到

$$e^{i\theta}=\left(1-\frac{\theta^2}{2!}+\frac{\theta^4}{4!}-\frac{\theta^6}{6!}+\frac{\theta^8}{8!}-\cdots\right)+i\left(\theta-\frac{\theta^3}{3!}+\frac{\theta^5}{5!}-\frac{\theta^7}{7!}+\cdots\right)。$$

而 $\cos\theta$ 和 $\sin\theta$ 的无穷级数恰巧表示为

$$\cos\theta=1-\frac{\theta^2}{2!}+\frac{\theta^4}{4!}-\frac{\theta^6}{6!}+\cdots,$$

$$\sin\theta=\theta-\frac{\theta^3}{3!}+\frac{\theta^5}{5!}-\frac{\theta^7}{7}+\cdots,$$

因而有著名的欧拉公式

$$e^{i\theta}=\cos\theta+i\sin\theta。$$

当 $\theta=\pi$ 时，便得到上面提到的奇妙等式

$$e^{i\pi}=-1。$$

可见，要进了高等数学的大门，才能弄清古老的 π 和年轻的 e 之间的亲密关系。

至于 π 和 e 的超越性的证明，则需要更多的高等数学知识，这里就不介绍了。

第十章

数系巡礼

上帝创造了整数，其他一切都是人造的。

——克罗内克

人类对数的认识，是从 1 开始的，就像小孩一样。

在 1 上面加 1，再加 1，再加 1，不断地加 1，只要有足够的时间、耐心和寿命，你可以达到任何一个正整数，要多大有多大。

但怎么用记号把比较大的数记下来，在远古时代，人们觉得很困难。

开始，用画道道的办法记数，这是最容易想到的方法。你们班里投票选举班长的时候，在黑板上画“正”字，得一票，画一道，就属于这种原始的记数方法。如果有成千上万的人在一起投票，就要有很大的黑板。这种记数方法还有一个缺点：记下来的数是多少，不能一目了然。

于是，人们又创造了新的方法，用不同的记号代表不同的数。从汉字“一”、“二”、“三”可以想象出，我们的祖先是用画道的方法记比较小的数字的。但是，要表示“百”、“万”这些大数，就得画 100 道、1 万道杠杠，这样就太麻烦了。于是，人们就想出了用“百”、“万”这些专用的字，来表示这些大数。

更大的数量单位，还有亿、兆、京……但是，文字到底是有限的，再大的数又怎么办呢?

这个难题，是用十进制的“位置记数法”解决的。现在你读到初中、高中，回头看小学里学的算术，会觉得多么简单啊！你可知道，人类从会记数到会像今天这样记数，经历了5000多年之久呢！古代的大数学家，像欧几里得、阿基米德，他们在记数方面的知识，还不如今天的小学生。一堂课学的知识，有时会跨越千百年的历史！

用位置记数法来记数，就要有表示空位的记号，于是，一个最重要的数字“0”应运而生。没有“0”，130，103，13之间的区别，就不容易这样方便地表示出来。

如果只是数数人、苹果、羊，正整数也就够用了。但要测量长度、面积，要称面粉、打酒，就要用到分数、小数。

单纯从算术的运算来看，如果只有正整数，那加法和乘法就够用了。有了分数，除法也可以通行无阻了。

想要减法通行无阻，就必须有负数。不过，负数并不是数学家为了做减法而在头脑中创造出来的。最早它是在贸易活动中被人们创造出来的，人们用它来记债务。在中国古代，正、负数分别用不同的颜色来记，用来表示相反意义的量。

有了正负整数、正负分数和0，加减乘除就可以畅通无阻了（只要不用0做除数）。似乎这已是一个相当完美的数系了，这个数系叫做“有理数域”。一般说来，在代数里，把能够进行四则运算（包括交换律、结合律、分配律……）的系统叫域。如果只能进行加、减、乘3种运算，便叫做“环”，所有的整数便组成“整数环”。

尽管有理数系在实用上已经足够，但是一旦从算术的范围转入几何、代数的研究，人们就发现它远远不够用！

从代数的观点看，如果只承认有理数，许多方程式就没有根，例如$x^2-2=0$就没有有理根。

有没有根，大家倒可以不在乎。可和几何联系起来，就不能令人满意了。原来，边长为 1 的正方形的对角线长，就是 $x^2-2=0$ 的根。方程式可以不要根，正方形可不能没有对角线吧！

有理数系的扩大，势在必行。几何事实启发人们，每个线段的长与单位线段长的比，都应当有一个数来表示。这个想法终于通过实数系的建立而实现了。

在实数系里，不但能进行四则运算，而且能进行“取极限”的运算，这叫做实数域的完备性，是它和有理数系不同的地方。

从代数观点看，实数域仍不够完美。因为有些代数方程式仍然没有根，像 $x^2+1=0$，它就没有实根。但是，数学家们发现，在解另外一些有实根的代数方程式或进行另一些运算时，不可避免地要遇到 -1 的开平方。大家对 -1 开平方想不通，又不得不和它打交道，于是给它起了个虚数单位“i”的名字，并规定 $i^2=-1$。

这样一来，从实数系扩展到了复数系。从几何意义上解释，实数系不过是一条直线，复数系就是一个平面。有了这种几何解释，虚数也就不虚了，复数理论在数学中站稳了脚跟。

全体复数之间，四则运算通行无阻（0 当然仍不能做除数），所以也是数域。极限运算也通行无阻，所以它又是完备数域。在复数域中，代数方程式总是有根的，所以它又叫做代数封闭域。

把这几种数系，由小到大作个比较：

（1）全体正整数，加法和乘法通行无阻。

（2）加法的逆运算是减法，为了使减法通行无阻，就要添上 0 和负数，得到了整数环。

（3）整数环里，除法不能通行无阻，为了解决这个问题，添上分数，得到了有理数域。

（4）有理数域里，极限运算不能通行无阻。为了引进极限运算，又把有理数域扩充到实数域。

（5）在实数域里，解代数方程式的运算不一定行得通，于是人们又把实数域扩充为复数域，使它成了代数封闭域。在代数封闭域里，所有的代数方程式都有根了。

数的概念的发展，是不是到此为止了呢?

不是的。数系还可以扩充，但在扩充的时候，某些原有的法则就不再成立。例如，把复数域扩充到四元数域，乘法交换律就不成立了。在实数域里添上许多“无穷小”、“无穷大”，扩充成“非标准实数域”，原有的“阿基米德公理”就要取消了。

数系的扩充，既是社会实践的推动，又符合算术、几何、代数这些数学学科理论发展的要求。它不是随随便便，想怎么扩充就怎么扩充的。过去是这样，将来也必然是这样。从数系扩充的历史中我们看到，一方面数学从实践中吸取营养而发展，反过来又解决了实践提出的问题；另一方面，几何和代数的知识是互相联系互相促进的。我们要学好数学，不仅要注意实践中的数学问题，而且要注意代数、几何等不同学科间的相互联系。

习题解答或提示

练习题一

1. 取 $x=\dfrac{a+b}{2}$。

2. $a=0$ 时 $ab=0$，是有理数，否则 ab 是无理数。

3. 如果 P 是质数，m 是大于 1 的整数，易证$\sqrt[m]{P}$是无理数。如果$\sqrt[m]{P}$是有理数，设$\sqrt[m]{P}=\dfrac{k}{n}$，那么 $n^mP=k^m$，左端含因数 P 且个数是 n 的倍数，而右端不是，推出了矛盾。

4. 取 $y=a+(b-a)\dfrac{\sqrt{2}}{2}$，那么 y 是无理数。由$\dfrac{\sqrt{2}}{2}<1$ 可知 $a<y<b$。

5. $\sqrt{2}+\sqrt{3}$不是有理数。因为 $(\sqrt{2}+\sqrt{3})^2$ 不是有理数。

6. 不一定。如 $(1+\sqrt{2})+(1-\sqrt{2})=2$。

7. a 和 b 一定是有理数。因为

$$a=\frac{1}{2}(a+b)+\frac{1}{2}(a-b)。$$

8. 利用勾股定理。有了长度为$\sqrt{n}$的线段MN，以MN为一直角边，作另一直角边$NP=1$，那么

$$MP=\sqrt{n+1}。$$

练 习 题 二

1. 要证$4+2\sqrt{\frac{2}{3}}$是无理数，只要证$\sqrt{\frac{2}{3}}$是无理数。为此，只要证$\sqrt{6}=3\sqrt{\frac{2}{3}}$是无理数。要证$(1-\sqrt{3})^3$是无理数，可以展开、并项后证明。要证$\sqrt{\sqrt{2}+\sqrt{3}}$是无理数，只要证$\sqrt{2}+\sqrt{3}$是无理数。最后，证明$\frac{1+\sqrt{2}}{2+\sqrt{3}}$是无理数，可用反证法。设$\frac{1+\sqrt{2}}{2+\sqrt{3}}=r$，$r$是有理数，则

$$1+\sqrt{2}=2r+r\sqrt{3},$$

由此推出$\sqrt{2}-r\sqrt{3}$是有理数，平方后可推出$\sqrt{6}$是有理数，矛盾。

2. 如果$\frac{1}{a}=\frac{m}{n}$，那么$a=\frac{n}{m}$。

3. 用反证法，设$\frac{\alpha a+\beta}{\gamma a+\delta}=\frac{n}{m}$，那么

$m\alpha a+m\beta=n\gamma a+n\delta$，$(m\alpha-n\gamma)a=n\delta-m\beta$。

如果$m\alpha-n\gamma\neq0$，那么a为有理数，与已知相矛盾。如果$m\alpha-n\gamma=0$，那么$n\delta-m\beta=0$，于是$\frac{\alpha}{\gamma}=\frac{n}{m}=\frac{\beta}{\delta}$，推出$\alpha\delta=\beta\gamma$，即$\alpha\delta-\beta\gamma=0$，也与已知相矛盾。

4. 取$p=\frac{1}{2}(a+b)$，$q=\frac{1}{2}(a-b)$，显然有$p+q=a$，$p-q=b$。由假设知p为有理数，而$q=a-p$，所以q为无理数。

5. 如果$\sqrt{2}+\sqrt[3]{3}=r$，r是有理数，则

$$3=(r-\sqrt{2})^3,$$

展开后可得到 $r^3-3r^2\sqrt{2}+3\cdot 2r-2\sqrt{2}=3$，由此推出（$3r^2+2$）$\sqrt{2}$是有理数，矛盾。

6. 和上题类似，把$\sqrt{2}+\sqrt{5}=\sqrt{3}+r$ 两端平方后，整理成 $2\sqrt{10}=\cdots$，两端再平方。

7. 利用练习题一的第 8 题。

8. 如果$\sqrt[3]{2}$是整系数二次方程式 $mx^2+nx+p=0$ 的根，则 $m\sqrt[3]{4}+n\sqrt[3]{2}+p=0$。如果 $n=0$，推出$\sqrt[3]{4}$是有理数，矛盾。如果 $p=0$，也推出$\sqrt[3]{4}$或$\sqrt[3]{2}$是有理数，矛盾。于是 $mnp\neq 0$。由求根公式得

$$\sqrt[3]{2}=\frac{1}{2m}\left(-n+\sqrt{n^2-4mp}\right)。$$

显然$\sqrt{n^2-4mp}$为无理数。把这个等式两端立方，并项后得出矛盾。证明中注意用到 $n^2-4mp>0$。

9. 设$\sqrt[3]{2}+\sqrt{3}=x$，则$\sqrt[3]{2}=x-\sqrt{3}$，两端立方，得

$$2=x^3-3\sqrt{3}x^2+9x-3\sqrt{3},$$

移项，得

$$x^3+9x-2=3\sqrt{3}\left(x^2+1\right),$$

两端平方，即得所要的方程式。

10. 方程式 $x^3-x^2-x+2=0$ 有无理根。因为左端当 $x=-1$ 时为正，$x=-2$ 时为负，故在 -2 与 -1 之间有根。但这根不是整数，所以必为无理数。

11. 把 $x_1=3-\sqrt{2}$代入方程式 $x^3+mx^2+nx+p=0$，整理后得到 $P+Q\sqrt{2}=0$，由此推出 P，$Q=0$。再把 $x_2=3+\sqrt{2}$代入，可以发现 x_2 也是它的根。设 x_3 是另一根，则

$$x_3=-m-x_1-x_2。$$

12. 把全体实数分成 3 部分：（1）有理数；（2）$m\sqrt{2}$形式的数，m 是正整数；（3）其他无理数。（1）和（2）放在一起可以排成一行与（2）对应，（3）和自己对应。

13. 把全体实数分成 3 部分：（1）代数数；（2）$m\alpha$ 形式的超越数，这里 α 是

取定的一个超越数，m 是正整数；(3) 其他超越数。再用上题的方法。

练习题三

1. 此题相当于要求计算$\sqrt[20]{4}=\sqrt[10]{2}$。已知

$$1.41420<\sqrt{2}<1.41422。$$

设 $(1+x)^5=\sqrt{2}$，则$\sqrt[10]{2}=1+x$。于是展开 $(1+x)^5$ 得

$$x=\frac{\sqrt{2}-1}{5+10x+10x^2+5x^3+x^4}<\frac{\sqrt{2}-1}{5}<0.09。$$

把 $x<0.09$ 回代一下，估出

$$x>\frac{\sqrt{2}-1}{6}>0.069,$$

再回代，得 $$x<\frac{\sqrt{2}-1}{5.73}<0.0723,$$

再回代，得 $$x>\frac{\sqrt{2}-1}{5.78}>0.0716,$$

所以 $$0.0716<x<0.0723。$$

即平均年增长率高达 7.2%。注意在回代过程中，对 x^3，x^4 并不真算，只要略加估计。此题也可用下面第 5 题推出的公式。

2. $\sqrt{2}\approx\frac{41}{29}$，误差小于$\frac{1}{29\cdot 32}$。

3. $|x_1-\sqrt{a}|\leqslant d$，两端立方得

$$|x_1^3-3x_1^2\sqrt{a}+3x_1a-a\sqrt{a}|\leqslant d^3,$$

所以得 $$\left|\sqrt{a}-\frac{x_1^3+3x_1a}{3x_1^2+a}\right|<\frac{d^3}{3x_1^2+a}。$$

比 (14) 式略好。

4. 在命题 8 中取方程式为 $x^2-a=0$ 或 $x^3-a=0$，分别得到命题 6 和 7。

5. 设命题 8 中的方程式为 $x^5-a=0$，$a\geqslant 0$。设$\sqrt[5]{a}$的一个近似值为 x_1，用

$(x-x_1)^2$ 来除 x^5-a。除法可这样进行：设 $y=x-x_1$，那么 $x=y+x_1$，代入 (x^5-a)，得

$$\begin{aligned} x^5-a &= (y+x_1)^5-a \\ &= y^5+5x_1y^4+10x_1^2y^3+10x_1^3y^2+5x_1^4y+x_1^5-a \\ &= y^2(y^3+5x_1y^2+10x_1^2y+10x_1^3)+(5x_1^4y+x_1^5-a) \end{aligned}$$

两端用 $x=\sqrt[5]{a}$ 代入，又设 $\sqrt[5]{a}-x_1=d$，便得

$$\left|\sqrt[5]{a}-\left(\frac{a}{5x_1^4}+\frac{4x_1}{5}\right)\right|\leqslant\frac{d^2}{5x_1^4}\left|d^3+5x_1d^2+10x_1^2d+10x_1^3\right|$$

若右端比 $|d|$ 更小时，$\left(\frac{a}{5x_1^4}+\frac{4x_1}{5}\right)$ 是 $\sqrt[5]{a}$ 的更好的近似值。

6. 由（15）式可知，不管 $x_1-\sqrt{a}$ 是正是负，当 $n\geqslant 2$ 时总有

$$x_n-\sqrt{a}\geqslant 0,$$

这里 $$x_n=\frac{1}{2}\left(x_{n-1}+\frac{a}{x_{n-1}}\right)。$$

令 $x_n-\sqrt{a}=d_n$，则 $d_n<x_n$，由（15）式得

$$0\leqslant x_{n+1}-\sqrt{a}\leqslant\frac{d_n^2}{2x_n}<\frac{d_n}{2},$$

从而知 $$d_{n+1}\leqslant\frac{d_n}{2}\leqslant\frac{d_2}{2^{n-1}}。$$

所以 x_n 与 $\sqrt{a}$ 之差，当 n 足够大时可任意小。

7. 设 $x_{n+1}=\frac{1}{3}\left(2x_n+\frac{a}{x_n^2}\right)$，由（32）式可知，当 $n\geqslant 2$ 时有 $x_n-\sqrt[3]{a}=d_n\geqslant 0$，于是和上题有类似的情形。

$$\begin{aligned} d_{n+1} &= x_{n+1}-\sqrt[3]{a}=\frac{1}{3}\left(2x_n+\frac{a}{x_n^2}\right)-\sqrt[3]{a} \\ &= \frac{1}{3}\left(2x_n+\frac{(x_n-d_n)^3}{x_n^2}\right)-(x_n-d_n) \\ &= d_n^2\left(\frac{3x_n-d_n}{3x_n^2}\right)\leqslant d_n\left(\frac{d_n}{x_n}\right)\left(1-\frac{d_n}{3x_n}\right) \end{aligned}$$

$$\leqslant d_n\left(1-\frac{d_n}{3x_n}\right)\left(\frac{d_n}{3x_n}\right)\cdot 3\leqslant\frac{3}{4}d_n\leqslant\left(\frac{3}{4}\right)^{n-1}d_2。$$

8. 如果 $|x|\geqslant 1+|a_1|+\cdots+|a_n|$，那么

$$|x^n+a_1x^{n-1}+\cdots+a_{n-1}x+a_n|$$

$$\geqslant|x^n|-|a_1x^{n-1}+\cdots+a_{n-1}x+a_n|$$

$$\geqslant|x^{n-1}|\left(|x|-|a_1|-\frac{|a_2|}{|x|}-\frac{|a_3|}{|x^2|}-\cdots-\frac{|a_n|}{|x|^{n-1}}\right)$$

$$\geqslant|x^{n-1}|\ (|x|-|a_1|-|a_2|-\cdots-|a_n|)$$

$$\geqslant 1,$$

所以 x 不是方程式的根。

练 习 题 四

1. 还有，如$\frac{4}{3}$便是。

2. 设 $x=\frac{\sqrt{5}-1}{2}$，$x+1=\frac{\sqrt{5}+1}{2}$，那么

$$x\ (x+1)\ =1。$$

$$\therefore\qquad x=\frac{1}{1+x}=\cfrac{1}{1+\cfrac{1}{1+\cfrac{1}{1+\cfrac{1}{1+x}}}},$$

$$\therefore\qquad x=[0,1,1,1,1,\cdots]。$$

它的前 5 个近似分数是 0，1，$\frac{1}{2}$，$\frac{2}{3}$，$\frac{3}{5}$。

3. $\frac{112}{41}$的连分数展式中的近似分数是$\frac{8}{3}$，$\frac{11}{4}$，$\frac{30}{11}$，故 3 块 8 分，4 块 11 分，11 块 3 角最合理。

4. 设 $x=\frac{3}{\sqrt{7}}$，那么 $x^2-1=\frac{2}{7}$，

$$\therefore\quad x=1+\frac{2}{7(1+x)}=1+\frac{1}{\frac{7}{2}(1+x)}$$

$$=1+\frac{1}{\frac{7}{2}\left(2+\frac{1}{\frac{7}{2}(1+x)}\right)}$$

$$=1+\frac{1}{7+\frac{1}{1+x}}=1+\frac{1}{7+\frac{1}{2+\frac{1}{7+\frac{1}{1+x}}}}。$$

$$\therefore\quad x=[1,7,2,7,2,7,2,\cdots]。$$

所以$\frac{3}{\sqrt{7}}$的近似分数是 1，$\frac{8}{7}$，$\frac{17}{15}$，…

5. 根据

$$a=a_0+\frac{1}{[a_1, a_2, \cdots, a_n]}$$

$$=a_0+\frac{1}{a_1+\frac{1}{[a_2, a_3, \cdots, a_n]}},$$

对 k 作数学归纳。当 $k=0$，命题显然成立。如果命题对 $k-1$ 成立，那么

$$[a_2, a_3, \cdots, a_{2k}]\leqslant[a_2, a_3, \cdots, a_n]\leqslant[a_2, a_3, \cdots, a_{2k+1}]。$$

于是

$$[a_1, a_2, \cdots, a_{2k+1}]\leqslant[a_1, a_2, \cdots, a_n]\leqslant[a_1, a_2, \cdots, a_{2k}]。$$

进一步即得所要的不等式。

6. 对连分数的长度 k 作归纳。当 $k=0$ 时，

$$\left|\frac{p_0}{q_0}-\frac{p_1}{q_1}\right|=\left|a_0-\left(a_0+\frac{1}{a_1}\right)\right|=\frac{1}{a_1},\ (q_0=1,\ q_1=a_1)$$

命题成立。设命题对长为 $k-1$ 的连分数成立，证明它对长为 k 的连分数也成立。

设

$$\frac{m_{k-1}}{n_{k-1}}=[a_1, a_2, \cdots, a_k],$$

$$\frac{m_k}{n_k}=[a_1, a_2, \cdots, a_{k+1}],$$

由归纳假设可知

$$\left|\frac{m_{k-1}}{n_{k-1}}-\frac{m_k}{n_k}\right|=\left|\frac{m_{k-1}n_k-n_{k-1}m_k}{n_{k-1}n_k}\right|=\frac{1}{n_{k-1}n_k},$$

即 $|m_{k-1}n_k-n_{k-1}m_k|=1$。但

$$\frac{p_k}{q_k}=a_0+\frac{1}{[a_1, a_2, \cdots, a_k]}=a_0+\frac{n_{k-1}}{m_{k-1}}$$

$$=\frac{a_0m_{k-1}+n_{k-1}}{m_{k-1}},$$

$$\frac{p_{k+1}}{q_{k+1}}=a_0+\frac{1}{[a_1, a_2, \cdots, a_{k+1}]}$$

$$=a_0+\frac{n_k}{m_k}=\frac{a_0m_k+n_k}{m_k}。$$

于是 $q_k=m_{k-1}$，$q_{k+1}=m_k$，易计算出

$$\left|\frac{p_k}{q_k}-\frac{p_{k+1}}{q_{k+1}}\right|=\left|\frac{n_{k-1}}{m_{k-1}}-\frac{n_k}{m_k}\right|=\frac{1}{m_{k-1}m_k}。$$

7. 设 $x=[a, b, c, b, c, b, c, \cdots]$，那么

$$x-a=[b, c, b, c, \cdots]^{-1}=\cfrac{1}{b+\cfrac{1}{[c, b, c, b, \cdots]}}$$

$$=\cfrac{1}{b+\cfrac{1}{c+\cfrac{1}{[b, c, b, c, \cdots]}}}=\cfrac{1}{b+\cfrac{1}{c+\cfrac{1}{x-a}}}。$$

两端整理后可知，x 满足一个整系数二次方程式。另一题解法与此类似。

8. 设 $x=\sqrt{m^2+1}$，那么

$$x^2-m^2=1, x=m+\frac{1}{m+x},$$

即可展成连分数。一般说来，任一个二次整系数方程式的正实根都能展成连分数，但证明起来稍困难一些。你不妨具体算几个试一试。

练 习 题 五

1. 根据上一章练习题 2、5、6 就可解本题。

2. 如第 75 页图 5-6 所示，

$$\angle AEF=\angle BEA=\angle FAE=\angle ABE,$$

可知两个等腰三角形$\triangle AEF\backsim\triangle BEA$，所以

$$BE:AE=AE:FE。$$

但由正五边形的角$\angle BAE=108°$，可求出$\angle ABE=36°$，所以$\angle BAF=\angle BFA=72°$，于是$AE=BF$。本题也可用面积证法。设

$$x=\frac{BF}{BE}=\frac{AB}{BE}=\frac{AF}{AB},$$

那么

$$x=\frac{BF}{BE}=\frac{S_{\triangle ABF}}{S_{\triangle ABE}}=\frac{S_{\triangle ABE}-S_{\triangle AFE}}{S_{\triangle ABE}}$$

$$=1-\left(\frac{AF}{AB}\right)^2=1-x^2。$$

3. 利用数列 1，1，2，3，5，8，13，21 的性质，先比较第 8 个和第 13 个。如果第 8 个较重，可淘汰第 13 个至第 21 个的球，否则淘汰第 1 个至第 8 个的球，剩下 13 个球，再取第 5 个、第 8 个来比，直到剩下两个球。

4. （1）由 $\lambda^2+\lambda=1$，得

$$\frac{1}{\lambda^2}-\frac{1}{\lambda}=1,$$

所以

$$\left\{\frac{1}{\lambda^2}\right\}=\left\{\frac{1}{\lambda}\right\}=\lambda。$$

这里$\left\{\frac{1}{\lambda^2}\right\}$，$\left\{\frac{1}{\lambda}\right\}$表示$\frac{1}{\lambda^2}$，$\frac{1}{\lambda}$的小数部分。于是

$$\left[\frac{n}{\lambda^2}\right]=[n(2+\lambda)]=2n+[n\lambda],$$

$$\left[\frac{n}{\lambda}\right]=[n(1+\lambda)]=n+[n\lambda],$$

∴
$$\left[\frac{n}{\lambda^2}\right]-\left[\frac{n}{\lambda}\right]=n。$$

(2) 如果$\left[\frac{n}{\lambda^2}\right]=\left[\frac{m}{\lambda}\right]$，设

$$\frac{n}{\lambda^2}=k+\delta_1,\ \frac{m}{\lambda}=k+\delta_2,$$

这里δ_1，δ_2是小于1的正数，而

$$k=\left[\frac{n}{\lambda^2}\right]=\left[\frac{m}{\lambda}\right]。$$

于是$n=k\lambda^2+\lambda^2\delta_1$，$m=k\lambda+\lambda\delta_2$，两式相加得$n+m=k(\lambda^2+\lambda)+\lambda^2\delta_1+\lambda\delta_2=k+\lambda^2\delta_1+\lambda\delta_2$，于是$n+m-k=\lambda^2\delta_1+\lambda\delta_2$。左端是整数，右端是小于1的正数，矛盾。

5. 由$k\alpha<n$可得$k\leqslant\left[\frac{n}{\alpha}\right]$。这样的$k$有$\left[\frac{n}{\alpha}\right]$个。

6. 由5题知，满足$\left[k\left(\frac{1}{\lambda}\right)\right]<n$的整数$\left[k\cdot\frac{1}{\lambda}\right]$有$[\lambda n]$个，满足$\left[k\left(\frac{1}{\lambda^2}\right)\right]<n$的整数有$[\lambda^2 n]$个，由$\lambda^2 n+\lambda n=n$可得$[\lambda^2 n]+[\lambda n]=n-1$，即形为$\left[\frac{k}{\lambda}\right]$或$\left[\frac{k}{\lambda^2}\right]$的整数不超过$n-1$的共有$n-1$个。由题4(2)，它们互不重复，于是得证。

7. 由以上3题可知，取胜数字表上的数确实是满足：

$$A_n=\left[\frac{n}{\lambda}\right],\ B_n=\left[\frac{n}{\lambda^2}\right]$$

的数列。因为造表的原则是①$A_1=1$，②$B_n-A_n=n$，③A_n，B_n递增地走遍全体正整数，且不重复。满足这3条的数列是唯一确定的，而$\left[\frac{n}{\lambda}\right]$，$\left[\frac{n}{\lambda^2}\right]$恰好有这3条性质。

要说明按表上的数字来拿，必然取胜，只要说明在轮到对方拿时，如果石子

数是 A_n，B_n，那么不管对方如何拿，石子数会变得不和表上的任一对数符合，并且，你总有办法又拿一次使它拿光或回到表上来。可分这几种情形：

（ⅰ）对方拿光一堆，或拿得使两堆相等，你总可一次拿光而胜。

（ⅱ）对方把 A_n，B_n 变成 C，D，如果 $C-D\geqslant n$，那么必有 $D<A_n$，所以 D 在表中 A_n、B_n 之前出现。你总可以在 C 中拿去一些，使结果成为表上的一对数字。

（ⅲ）如果对方把 A_n，B_n 变成 C，D，而 $1\leqslant C-D<n$，设 $C-D=l$。如果 $D>A_l$，你可从 C、D 中同时拿去（$D-A_l$）个，使结果为 A_l，B_l。如果 $D<A_l$，拿法与（ⅱ）同。$D=A_l$ 是不可能的，因为对方仅从一堆中拿石子，不会使两个数都变小。

练 习 题 六

1. 如果 $a=\dfrac{p}{q}$，$b=\dfrac{k}{l}$，由 $\log_a b=\dfrac{n}{m}$ 得 $a^{\frac{n}{m}}=b$，即 $a^n=b^m$，从而 $p^n l^m=q^n k^m$。由于$\dfrac{p}{q}$，$\dfrac{k}{l}$皆为最简分数，所以推出 $p^n=k^m$，$q^n=l^m$。由于可设$\dfrac{n}{m}$为最简，又可以推出$\dfrac{p}{q}=r^m$，且$\dfrac{k}{l}=r^n$。这里 r 是有理数。

2. 只有 $b=1$ 时 $\log_a b$ 才是有理数。因为如果

$$\log_a b=\frac{n}{m}\neq 0,$$

那么 $a^{\frac{n}{m}}=b$，$a^n=b^m$，a 是方程式 $x^n=\left(\dfrac{k}{l}\right)^m$ 的根，即为 $l^m x^n=k^m$ 的根。

3. 如果 n 为奇数或 0 时，由 $\sin\varphi$ 为有理数，可知 $\sin n\varphi$ 也是有理数，因为这时 $\sin n\varphi$ 可展成 $\sin\varphi$ 的多项式。如果 n 为偶数时，或者 $\sin n\varphi=0$，此时 $\sin\varphi=0$，± 1，$\pm\dfrac{1}{2}$；或者 $\cos\varphi$ 为有理数，这时 $\sin\varphi=\dfrac{k}{m}$，使 $\sqrt{m^2-k^2}$ 为整数。

4. 注意由

$$\sin\varphi+\cos\varphi=\frac{1}{\sqrt{2}}\cos\left(\varphi-\frac{\pi}{4}\right)$$

为有理数可推出 $\cos^2\left(\varphi-\frac{\pi}{4}\right)$ 为有理数，从而可推得 $\cos 2\left(\varphi-\frac{\pi}{4}\right)$ 为有理数。由于 $\varphi=\frac{m}{n}\pi$，所以可知

$$\cos 2\left(\varphi-\frac{\pi}{4}\right)=\sin 2\varphi$$

必为 0，±1，$\pm\frac{1}{2}$。

5. 如果 $k\sin^2\frac{m}{n}\pi+l=0$，那么 $\sin^2\frac{m}{n}\pi$ 为有理数，于是 $\cos\frac{2m\pi}{n}$ 为有理数，$\cos\frac{2m\pi}{n}=0$，±1，$\pm\frac{1}{2}$。

练习题七

1. 设 $a_n=k_n+0.k_n^1k_n^2k_n^3\cdots$，$k_n$ 是整数，那么 k_n 是递增有界的。[我们把末尾是 $k999\cdots$ 的小数，改写为 $(k+1)000\cdots$ 形] 于是从某个 n_0 起，$k_{n_0}=k_{n_0+1}=k_{n_0+2}=\cdots=k^*$。同理，当 $n>n_0$ 时，$k_n^1\leqslant k_{n+1}^1\leqslant\cdots\leqslant k_{n+m}^1\leqslant\cdots\leqslant 9$，所以从某个 $n_1\geqslant n_0$ 起，又有 $k_{n_1}^1=k_{n_1+1}^1=k_{n_1+2}^1=\cdots=k_*^1\leqslant 9$。类似地可定出 $k_*^1\leqslant 9$，于是，$\alpha=k^*+0.k_*^1k_*^2k_*^3\cdots$便是所求的比 a_n 都不小的数中最小的一个。

2. 是阿基米德数域。加、减、乘显然封闭，除法的封闭性可用分母有理化的方法来证明。阿基米德公理是显然成立的。

3. 利用连续函数的中间值定理，可以证明这样的直线一定存在，也可以用初等数学的方法来证明。

如下图，过凸多边形的每一顶点作一条平行于 l 的直线。其中必有相邻的两条 CD、AB，使 CD 下方多边形面积 S_1 和 AB 上方多边形面积 S_2，都不超过整个多边形面积的一半。设 A、B、C、D 在多边形周界上，则 $ABDC$ 成一梯形，

上下底为 AB、CD，面积为 S。不妨设

$$S_2 \leqslant S_1 \leqslant S_2 + S,$$

问题就是如何找到直线 $l_1 /\!/ l$。把梯形 $ABDC$ 分成两部分 x_1 和 x_2，使下方的 x_1 与 S_1 相加等于 $x_2 + S_2$，即

$$\begin{cases} x_1 + x_2 = S, \\ x_2 - x_1 = S_1 - S_2, \end{cases}$$

于是

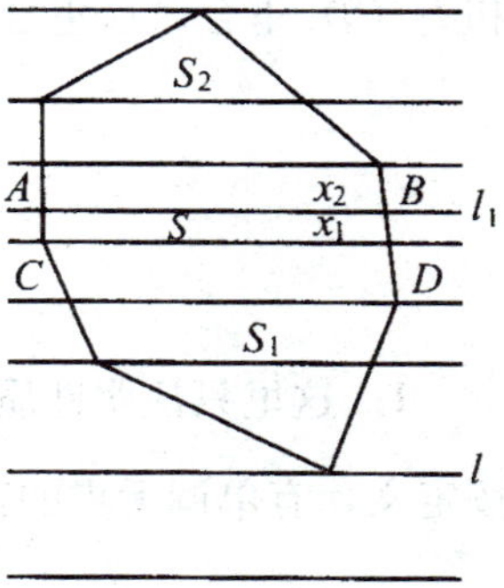

第 3 题图

$$x_1 = \frac{1}{2}(S + S_2 - S_1),\ x_2 = \frac{1}{2}(S + S_1 - S_2)。$$

知道了 x_1，x_2 及 AB，CD 的长及 AB，CD 间的距离后，所求直线 l_1 与 AB 的距离可以列出一个二次方程式求出。下略。

4. 应用连续函数的中间值定理可以给这个题肯定的回答。取一个标准射线 l，在平面上一定有和 l 方向相同的射线 l_1，l_2，l_1 和 l_2 分别平分甲、乙两块蛋糕。现在让 l 的方向慢慢转动一个角 θ，l 变为 $l(\theta)$。对应地，l_1，l_2 变为和 $l(\theta)$ 平行的 $l_1(\theta)$ 和 $l_2(\theta)$，但 $l_1(\theta)$，$l_2(\theta)$ 仍分别平分甲乙两块蛋糕如下图。当 θ 从 0 连续地变到 π 时，$l_1(\theta)$，$l_2(\theta)$ 又回到了开始的位置，只是方向倒转了。本来 l_1 在 l_2 的右边，最后 l_1 却到了 l_2 的左边。这样，中间一定有一个角度 θ，使 $l_1(\theta)$

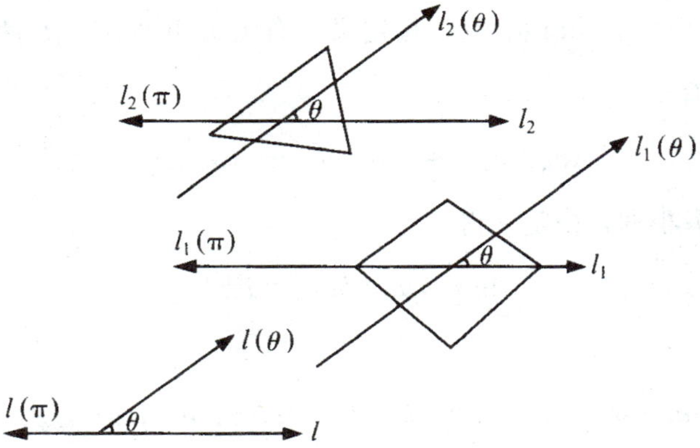

第 4 题图

和 l_2（θ）重合。这重合的射线，便是下刀的地方。

练习题八

1. 这里只证明性质（2），其他的请读者自己证。设 α_n、β_n 都是无穷小列。按定义，有单调无界的正数列 A_n、B_n 使

$$|\alpha_n|\leqslant\frac{1}{A_n},\quad |\beta_n|\leqslant\frac{1}{B_n},$$

于是

$$|\alpha_n\pm\beta_n|\leqslant\frac{1}{A_n}+\frac{1}{B_n}=\frac{A_n+B_n}{A_nB_n}。$$

只要证明$\frac{A_nB_n}{A_n+B_n}$是单调无界数列即可。由$\frac{1}{A_n}$、$\frac{1}{B_n}$的单调性，$\frac{A_nB_n}{A_n+B_n}$显然单调。剩下的是证明$\frac{A_nB_n}{A_n+B_n}$无界。由于

$$\frac{A_nB_n}{A_n+B_n}=\frac{B_n}{1+\frac{B_n}{A_n}}=\frac{A_n}{1+\frac{A_n}{B_n}}>\frac{1}{2}\min\{A_n,\ B_n\},$$

所以它是无界数列。

2. 这里只证（2）、（3）。

如果 $\lim\limits_{n\to+\infty}a_n=a$，$\lim\limits_{n\to+\infty}b_n=b$，按定义，有无穷小列 α_n，β_n 使 $a_n=a+\alpha_n$，$b_n=b+\beta_n$，于是有

$$(a_n\pm b_n)=(a\pm b)+(\alpha_n\pm\beta_n),$$

$(\alpha_n\pm\beta_n)$ 是无穷小列，由定义得

$$\lim_{n\to+\infty}(a_n\pm b_n)=a\pm b。$$

又有

$$a_n\cdot b_n=(a+\alpha_n)(b+\beta_n)=ab+\alpha_nb+\beta_na+\alpha_n\beta_n,$$

由于 $(\alpha_nb+\beta_na+\alpha_n\beta_n)$ 是无穷小列，所以 $\lim\limits_{n\to+\infty}a_nb_n=ab$。

至于（3），则有

$$\frac{1}{a_n}=\frac{1}{a+\alpha_n}=\frac{1}{a}+\left(\frac{1}{a+\alpha_n}-\frac{1}{a}\right)=\frac{1}{a}+\frac{(-\alpha_n)}{a\ (a+\alpha_n)},$$

只要证明$\frac{1}{a+\alpha_n}$是有界量即可。由 $a\neq 0$，又有无界列 A_n 使 $|\alpha_n|<\frac{1}{A_n}$，不妨设 n 大得使 $A_n>\frac{2}{|a|}$，则$\frac{1}{A_n}<\frac{|a|}{2}$，这使 $|\alpha_n|<\frac{|a|}{2}$，从而$\frac{1}{|a+\alpha_n|}<\frac{2}{|a|}$，即$\frac{1}{a+\alpha_n}$是有界量。

3. 设递增有界数列为 $a_1\leqslant a_2\leqslant\cdots\leqslant a_n\leqslant a_{n+1}\leqslant\cdots$，把所有满足 $\alpha\geqslant a_n$（$n=1，2，\cdots$），即不被任一 a_n 超过的实数 α 归为 B 类，剩下的归为 A 类，那么 A 类无最大数。因为如果 x 是 A 类数，则有 a_n，使 $x<a_n$，那么 $y=\frac{x+a_n}{2}<a_n$，$y>x$，y 也是 A 类。由完备公理，B 类有最小数 b。易证 b 是 a_n 的极限。

4. 记$\frac{p_n}{p_{n+1}}=a_{n+1}$，即 $a_n+1=\frac{1}{a_{n+1}}$，因而

$$a_{n+1}-a_n=\frac{1}{a_{n+2}}-\frac{1}{a_{n+1}}。$$

由此可见 a_1，a_3，a_5，…单调递减有界而 a_2，a_4，a_6，…单调递增有界。又因 $|a_{n+1}-a_n|=\frac{1}{p_n p_{n+1}}$（可用归纳法证明），可见 $\{a_{2n+1}\}$ 和 $\{a_{2n}\}$ 极限相同。在等式 $a_n+1=\frac{1}{a_{n+1}}$两端取极限，可知极限 λ 满足方程式 $\lambda^2+\lambda=1$。

5. 由于 $a_{n+1}=\sqrt{2+a_n}$，由 $a_n<2$ 可推出 $a_{n+1}<2$。于是由 $a_1=\sqrt{2}<2$，即得一切 $a_n<2$。从而 $a_{n+1}^2=2+a_n>2a_n>a_n^2$，$\{a_n\}$ 递增，因而是递增有界列，所以有极限。

6. 利用本章无穷小列性质（2），易证两个无穷小列排在一起之后仍为无穷小。方法是：在 $\{a_n\}$ 中添上一些 0 项，得到 $\{\alpha_n'\}$，$\{\beta_n\}$ 中添些 0 项，得到 $\{\beta_n'\}$，则 $\{\alpha_n'\}$，$\{\beta_n'\}$ 都是无穷小列。再把 0 项错开相加，得 $\{\alpha_n'+\beta_n'\}$ 是无穷小。而 $\{\alpha_n'+\beta_n'\}$ 相当于把 $\{\alpha_n\}$，$\{\beta_n\}$ 排到一起。

7. 由 $a_{n+1}=1+\frac{1}{1+a_n}$可知 $0<a_n<2$，所以为有界列。由于

$$a_{n+1}-a_n=\frac{1}{1+a_n}-\frac{1}{1+a_{n-1}}=\frac{a_{n-1}-a_n}{(1+a_n)(1+a_{n-1})},$$

可见a_1，a_3，a_5，…递增而a_2，a_4，a_6，…递减，因而$\{a_{2n+1}\}$、$\{a_{2n}\}$都有极限。又由

$$|a_{n+1}-a_n|=\frac{|a_n-a_{n-1}|}{(1+a_n)(1+a_{n-1})}$$

$$\leqslant\frac{|a_n-a_{n-1}|}{4}\leqslant\frac{|a_2-a_1|}{4^{n-1}},$$

可见两极限相同。

8. 如果$\{\alpha_n\}$中有无限项α_{n_1}，α_{n_2}，…，α_{n_i}，…均大于ε，则$\{\alpha_{n_i}\}$是一个非无穷小的子列，与$\{\alpha_n\}$为无穷小矛盾。

如果对任意的$\varepsilon>0$，$\{\alpha_n\}$中只有有限项绝对值大于ε。设这有限项中下标最大的为$N(\varepsilon)$，那么当$n>N(\varepsilon)$时，必有$|\alpha_n|<\varepsilon$，取$\varepsilon=\frac{1}{2}$，$\frac{1}{3}$，$\frac{1}{4}$，…令

$$A_n=k,\ \left[N\left(\frac{1}{k}\right)<n\leqslant N\left(\frac{1}{k+1}\right)\right]$$

则A_n是递增无界列，而由$N\left(\frac{1}{k}\right)$的定义知$|\alpha_n|\leqslant\frac{1}{A_n}$。

附录

关于连分数的几个基本命题的证明

1. 把正实数 α 展成连分数的一般方法。

我们用递推法定义 a_0，a_1，a_2，…，a_n，…首先令

$$\alpha_0=\alpha,\ a_0=[\alpha_0]。\tag{1}$$

（这里 $[\alpha_0]$ 表示 α_0 的整数部分，即不超过 α_0 的最大整数）

若已有了 α_k 和 $a_k=[\alpha_k]$，$\alpha_k\neq a_k$，则定义

$$\alpha_{k+1}=\frac{1}{\alpha_k-a_k},\ a_{k+1}=[\alpha_{k+1}]。\tag{2}$$

显然永远有 $\alpha_{k+1}>1$（$k=0$，1，2，…）。

如果 $\alpha_n=a_n$，那么过程终止，此时 $[a_0，a_1，a_2，…，a_n]$ 就是 α 的连分数。注意，这时，由 $0<\alpha_{n-1}-a_{n-1}<1$，则 $a_n\geqslant2$。

如果恒有 $\alpha_k>a_k$，那么得到无穷连分数

$$[a_0，a_1，a_2，…，a_n，…]。$$

2. 根据定义（2）式可得

$$\alpha_n=a_n+\frac{1}{\alpha_{n+1}}。\tag{3}$$

在（3）式中取 $n=0$，1，2，…可得

$$\alpha_0=a_0+\frac{1}{\alpha_1},\ \alpha_1=a_1+\frac{1}{\alpha_2},\ \cdots,$$

$$\alpha_{m-1}=a_{m-1}+\frac{1}{\alpha_m}。\tag{4}$$

由（4）式可得

$$x_0=a_0+\cfrac{1}{a_1+\cfrac{1}{a_2+\cfrac{1}{\ddots_{a_{m-1}+\frac{1}{\alpha_m}}}}}。\tag{5}$$

由（5）式可见，若某个 α_m 为整数，则 α_0 为有理数。

反过来，如果 α_0 是有理数，$\alpha_0=\dfrac{B_0}{A_0}$ 为最简分数，显然 α_1，α_2，…，α_n 都是有理数。设 $\alpha_k=\dfrac{B_k}{A_k}$，由于 $k=1$，2，3，…时，有 $\alpha_k>1$，故 $B_k>A_k$。若 α_k 不是整数，则有正整数 $R_k<A_k$，使

$$\alpha_k=a_k+\frac{R_k}{A_k},$$

由（3）式得

$$\alpha_{k+1}=\frac{A_k}{R_k}=\frac{B_{k+1}}{A_{k+1}}。\tag{6}$$

可见 $A_{k+1}\leqslant R_k<A_k$。这样到某一步会有 $A_k=1$，α_k 为整数，即 a_0 可展成有限连分数。至此，第 37 页命题 9 得到了证明。

3. 近似分数的递推公式及其推论。

设｜a_0，a_1，a_2，…，a_n，…｜是有穷或无穷的连分数，则最简分数

$$\frac{p_k}{q_k}=[a_0,\ a_1,\ \cdots,\ a_k],\ (p_0=a_0,\ q_0=1)\tag{7}$$

叫做 $[a_0,\ a_1,\ a_2,\ \cdots,\ a_n,\ \cdots]$ 的第 k 个近似分数。

对 $k\geqslant2$，有递推公式

$$\begin{cases}p_k=a_kp_{k-1}+p_{k-2},\\ q_k=a_kq_{k-1}+q_{k-2}。\end{cases}\tag{8}$$

我们对 k 用数学归纳来证明（8）式。当 $k=2$，（8）式可以直接验证。设当

$k<n$ 时（8）式成立。考虑连分数 $[a_1, a_2, \cdots, a_n]$，并且用

$$\frac{u_r}{v_r}=[a_1, a_2, \cdots, a_{r+1}] \tag{9}$$

表示它的第 r 个近似分数。由于

$$[a_0, a_1, \cdots, a_n]=a_0+\frac{1}{[a_1, a_2, \cdots, a_n]}, \tag{10}$$

所以得（注意：由 u_{n-1} 与 v_{n-1} 互质，可知 p_n 与 q_n 互质）

$$\begin{cases} p_n=a_0u_{n-1}+v_{n-1}, \\ q_n=u_{n-1}。\end{cases} \tag{11}$$

又按照归纳法的假设

$$\begin{cases} u_{n-1}=a_nu_{n-2}+u_{n-3}, \\ v_{n-1}=a_nv_{n-2}+v_{n-3}。\end{cases} \tag{12}$$

（注意这里是 a_n 不是 a_{n-1}，因为 $[a_1, a_2, \cdots, a_n]$ 是从 a_1 开始的。）再应用公式（11）可得

$$\begin{cases} p_n=a_0(a_nu_{n-2}+u_{n-3})+(a_nv_{n-3}+v_{n-3}) \\ \quad =a_n(a_0u_{n-2}+v_{n-2})+(a_0u_{n-3}+v_{n-3}) \\ \quad =a_np_{n-1}+p_{n-2}, \\ q_n=a_nu_{n-2}+u_{n-3}=a_nq_{n-1}+q_{n-2}。\end{cases} \tag{13}$$

于是（8）式得证。

公式（8）是连分数的一个很重要的基本性质。如果约定 $p_{-1}=1$，$q_{-1}=0$，则（8）式对 $k=1$ 也成立。从公式（8）可得

推论 1

（ⅰ）$p_k \geqslant p_{k-1}$，$q_k \geqslant q_{k-1}$，且当 $k>2$ 时等式成立。

（ⅱ）$p_k \geqslant 2p_{k-2}$，$q_k \geqslant 2p_{k-2}$，故

$$q_k \geqslant (\sqrt{2})^{k-1} \ (k \geqslant 2)。$$

推论 2 对一切 $k \geqslant 0$ 有

$$q_kp_{k-1}-p_kq_{k-1}=(-1)^k。 \tag{14}$$

推论 3 对一切 $k\geqslant 1$ 有

$$q_k p_{k-2}-p_k q_{k-2}=(-1)^{k-1}a_k。\tag{15}$$

推论 1（ⅰ）可由（8）式直接看出成立。现在来证明推论 1（ⅱ）。

由推论 1（ⅰ）知，当 $k\geqslant 2$ 时，$q_k\geqslant q_{k-1}$，又因为

$$q_k=a_k q_{k-1}+q_{k-2}\geqslant q_{k-1}+q_{k-2}\geqslant 2q_{k-2},$$

所以

$$q_{2k}\geqslant 2q_{2k-2}\geqslant 2\cdot 2q_{2k-4}\geqslant\cdots\geqslant 2^k q_0=2^k;$$

$$q_{2k+1}\geqslant 2q_{2k-1}\geqslant\cdots\geqslant 2^k q_1\geqslant 2^k。$$

因此
$$q_k\geqslant 2^{\frac{k-1}{2}}=(\sqrt{2})^{k-1}。$$

推论 2 的证明可这样完成：将（8）中两式分别乘以 q_{k-1} 和 p_{k-1}，再由第二式减去第一式，得

$$q_k p_{k-1}-p_k q_{k-1}=-(q_{k-1}p_{k-2}-p_{k-1}q_{k-2})。$$

又因
$$q_0 p_{-1}-p_0 q_{-1}=1,$$

故（14）式对一切 $k\geqslant 0$ 成立。

推论 3 的证明方法与证明推论 2 的方法类似：将（8）式中两式分别乘以 q_{k-2} 和 p_{k-2}，从第二式减去第一式，再用推论 2 即得（15）式。

由推论 2 得，对一切 $k\geqslant 1$，有

$$\frac{p_{k-1}}{q_{k-1}}-\frac{p_k}{q_k}=\frac{(-1)^k}{q_k q_{k-1}},\tag{16}$$

由推论 3，得

$$\frac{p_{k-2}}{q_{k-2}}-\frac{p_k}{q_k}=\frac{(-1)^{k-1}a_k}{q_k q_{k-2}},\tag{17}$$

于是有

推论 4 当 k 增大时，$\frac{p_{2k}}{q_{2k}}$是递增序列，$\frac{p_{2k+1}}{q_{2k+1}}$是递减序列，而且任一个奇数阶近似分数$\frac{p_{2l+1}}{q_{2l+1}}$大于任一个偶数阶的近似分数$\frac{p_{2k}}{q_{2k}}$。

推论 4 的前一论断由（17）式给出。另一方面，由（16）式可知$\frac{p_{2k-1}}{q_{2k-1}}>\frac{p_{2k}}{q_{2k}}$，

再由$\frac{p_{2k}}{q_{2k}}$的递增性及$\frac{p_{2k-1}}{q_{2k-1}}$的递减性，可知它的后一论断成立。

根据本书第八章介绍的数列极限的基本定理“递增（减）有界数列必有极限”，以及推论 4，可知两个数列$\left\{\frac{p_{2k}}{q_{2k}}\right\}$，$\left\{\frac{p_{2k+1}}{q_{2k+1}}\right\}$都有确定的极限。由（16）式及推论 1 之（ⅱ），可知 $q_k \to +\infty$（$k \to +\infty$），故

$$\left|\frac{p_{2k}}{q_{2k}} - \frac{p_{2k+1}}{q_{2k+1}}\right| = \frac{1}{q_{2k}q_{2k+1}} \to 0。(k \to +\infty) \tag{18}$$

这说明两个数列趋于同一个极限 β。β 叫做此连分数的值。

但是，β 的连分式是否就是 $[a_0, a_1, a_2, \cdots, a_n, \cdots]$ 呢?

4. 正数 α 的连分数的值 $\beta=\alpha$。

在 1 中，我们给出了把 $\alpha>0$ 展成连分式的方法，并指出：若 α 是有理数，其连分式是有限的，且其值正是 α；又知若 α 是无理数，其连分式必为无限的，设它是 $[a_0, a_1, a_2, \cdots, a_n, \cdots]$。

在 3 中我们又证明了这个连分式的渐近分式$\frac{p_k}{q_k}$当 $k \to +\infty$ 时有确定的极限 β。这个 β 是否正是原来的那个 α?

为了回答这个问题，需要一个

定理 若 α 可展开为连分数 $[a_0, a_1, a_2, \cdots, a_n, \cdots]$，则对任意 k，α 在$\frac{p_k}{q_k}$和$\frac{p_{k+1}}{q_{k+1}}$之间。反之，若对任意 k，α 在$\frac{p_k}{q_k}$和$\frac{p_{k+1}}{q_{k+1}}$之间，则 α 可展开为连分数 $[a_0, a_1, a_2, \cdots, a_n, \cdots]$。这里，$\frac{p_k}{q_k} = [a_0, a_1, a_2, \cdots, a_n]$ 是第 k 个近似分数。

证明 先证前一个论断。对 k 做数学归纳。若 $k=0$，显然有

$$\alpha > [a] = a_0 = \frac{p_0}{q_0},$$

另一方面，有

$$\alpha = a_0 + \frac{1}{\alpha_1} = a_0 + \frac{1}{a_1 + (\alpha_1 - a_1)} < a_0 + \frac{1}{a_1} = \frac{p_1}{q_1}。$$

故论断对 $k=0$ 成立。若论断对 $k<n$ 成立，由于 α_1 的连分数展式为 $[a_1, a_2, \cdots, a_n, \cdots]$，故 α_1 在 $[a_1, a_2, \cdots, a_n]$ 和 $[a_1, a_2, \cdots, a_{n+1}]$ 之间，于是，$\alpha=a_0+\frac{1}{\alpha_1}$在

$$\frac{p_n}{q_n}=a_0+\frac{1}{[a_1, a_2, \cdots, a_n]}$$

和

$$\frac{p_{n+1}}{q_{n+1}}=a_0+\frac{1}{[a_1, a_2, \cdots, a_{n+1}]}$$

之间，由数学归纳法，前一论断得证。

现在来证后一论断。设对任意的 $k\geqslant 0$，α 在$\frac{p_k}{q_k}$和$\frac{p_{k+1}}{q_{k+1}}$之间，经证 α 的第 n 个近似分数为 $[a_0, a_1, a_2, \cdots, a_n]$。对 n 做数学归纳。$n=0$，结论显然成立。设论断对 $n<m$ 成立，由于

$$\alpha=a_0+\frac{1}{\alpha_1},$$

$$[a_0, a_1, \cdots, a_k]=a_0+\frac{1}{[a_1, a_2, \cdots, a_k]},$$

由 α 在 $[a_0, a_1, \cdots, a_k]$ 和 $[a_0, a_1, \cdots, a_{k+1}]$ 之间，可知 α_1 在 $[a_1, a_2, \cdots, a_k]$ 和 $[a_1, a_2, \cdots, a_{k+1}]$ 之间。由归纳前提可知 α_1 的第 $m-1$ 个近似分数为 $[a_1, a_2, \cdots, a_m]$，故 α 的第 m 个近似分数为 $a_0+[a_1, a_2, \cdots, a_m]^{-1}=[a_0, a_1, \cdots, a_m]$。由数学归纳法，后一论断也得证。定理证毕。

由此定理可知，任意无理数 $\alpha>0$ 可展成这样的无限连分数 $[a_0, a_1, \cdots, a_n]$，其近似分数$\frac{p_k}{q_k}\to\alpha$ $(k\to+\infty)$。反过来，任意无限连分数 $[a_0, a_1, \cdots, a_n, \cdots]$，其近似分数$\frac{p_k}{q_k}$的极限 β 的连分数展式正是 $[a_0, a_1, \cdots, a_n, \cdots]$。这就证明了第 37 页的命题 10。

最后，让我们来完成第 37 页的命题 11 的证明。

设 α 展成连分数后，第 k 个近似分数是$\frac{p_k}{q_k}$，由上面这个定理，α 在$\frac{p_k}{q_k}$和$\frac{p_{k+1}}{q_{k+1}}$

之间，故

$$\left|\alpha-\frac{p_k}{q_k}\right|\leqslant\left|\frac{p_{k+1}}{q_{k+1}}-\frac{p_k}{q_k}\right|=\frac{1}{q_kq_{k+1}} \tag{19}$$

此即命题 11 中的（23）。

剩下的是证明：若分数$\frac{p}{q}$的分母 $q\leqslant q_k$，则必有

$$\left|\alpha-\frac{p_k}{q_k}\right|\leqslant\left|\alpha-\frac{p}{q}\right|, \tag{20}$$

等式仅当$\frac{p}{q}=\frac{p_k}{q_k}$或 $k=1$，$\alpha=a_0+\frac{1}{2}$时成立。事实上，若$\frac{p}{q}$在$\frac{p_k}{q_k}$和$\frac{p_{k+1}}{q_{k+1}}$之间，则有

$$\frac{|pq_k-qp_k|}{qq_k}=\left|\frac{p}{q}-\frac{p_k}{q_k}\right|\leqslant\left|\frac{p_k}{q_k}-\frac{p_{k+1}}{q_{k+1}}\right|=\frac{1}{q_kq_{k+1}}。 \tag{21}$$

由 $q\leqslant q_k<q_{k+1}$推知 $|pq_k-qp_k|=0$，即

$$\frac{p}{q}=\frac{p_k}{q_k}。$$

若$\frac{p_k}{q_k}$在$\frac{p}{q}$和$\frac{p_{k+1}}{q_{k+1}}$之间，因 α 在$\frac{p_k}{q_k}$和$\frac{p_{k+1}}{q_{k+1}}$之间，（20）式显然成立，等式仅当$\frac{p}{q}=\frac{p_k}{q_k}$时成立。

最后，若$\frac{p_{k+1}}{q_{k+1}}$在$\frac{p}{q}$和$\frac{p_k}{q_k}$之间，则当（20）不成立时，有

$$\begin{aligned}\frac{1}{q_kq_{k+1}}&=\left|\frac{p_k}{q_k}-\frac{p_{k+1}}{q_{k+1}}\right|\geqslant\left|\frac{p_k}{q_k}-\alpha\right|\\&\geqslant\left|\alpha-\frac{p}{q}\right|\geqslant\left|\frac{p}{q}-\frac{p_{k+1}}{q_{k+1}}\right|\\&=\frac{|pq_{k+1}-qp_{k+1}|}{qq_{k+1}}。\end{aligned}$$

由于 $q\leqslant q_k$，不可能有$\frac{p}{q}=\frac{p_{k+1}}{q_{k+1}}$，故 $|pq_{k+1}-qp_{k+1}|\geqslant 1$。于是，上列不等式只有在所有“$\geqslant$”号都取等号时成立。于是

$$q=q_k，且\ \alpha=\frac{p_{k+1}}{q_{k+1}},$$

且又有

$$\frac{p_k}{q_k}-\frac{p_{k+1}}{q_{k+1}}=\frac{p_{k+1}}{q_{k+1}}-\frac{p}{q_k}, \tag{22}$$

即

$$\frac{p_k+p}{q_k}=\frac{2p_{k+1}}{q_{k+1}}, \tag{23}$$

于是（p_k+p）$=\frac{2p_{k+1}q_k}{q_{k+1}}$。因为$|q_kp_{k+1}-p_kq_{k+1}|=1$，所以$q_{k+1}$与$p_{k+1}q_k$互质，于是$q_{k+1}$整除 2，这只有$q_k=1$，$q_{k+1}=2$。注意到$\alpha=\frac{p_{k+1}}{q_{k+1}}$，所以$\alpha=\frac{p_{k+1}}{2}$，$p_{k+1}$为奇数，$k=0$。命题 11 证毕。